Andreas Burkert
Rudolf Kippenhahn

DIE MILCHSTRASSE

Verlag C. H. Beck

Mit 48 Abbildungen im Text

Die Deutsche Bibliothek – CIP-Einheitsaufnahme

Burkert, Andreas:
Die Milchstraße / Andreas Burkert ; Rudolf Kippenhahn. –
Orig.-Ausg. – München : Beck, 1996
   (Beck'sche Reihe ; 2017 : C.H. Beck Wissen)
   ISBN 3 406 39717 4
NE: Kippenhahn, Rudolf:; GT

Originalausgabe
ISBN 3 406 39717 4

Umschlagentwurf von Uwe Göbel, München
© C.H.Beck'sche Verlagsbuchhandlung (Oscar Beck), München 1996
Gesamtherstellung: Presse-Druck- und Verlags-GmbH, Augsburg
Gedruckt auf säurefreiem, alterungsbeständigem Papier
(hergestellt aus chlorfrei gebleichtem Zellstoff)
Printed in Germany

Inhalt

1. Steckbrief Milchstraße 7

2. Entfernungs- und Geschwindigkeitsbestimmungen . . . 15
  2.1 Die Parallaxenmethode 15
  2.2 Die Entfernung der Hyaden 17
    2.2.1 Eigenbewegung und Radialgeschwindigkeit 17
    2.2.2 Der Sternstrom der Hyaden 19
  2.3 Photometrische Entfernungen 22
    2.3.1 Die Helligkeit der Sterne 22
    2.3.2 Von den Hyaden zu den Hauptreihen
        anderer Sternhaufen 24
    2.3.3 Pulsierende Sterne als Standardkerzen 27
    2.3.4 Interstellare Verfärbung 28

3. Räumlicher Aufbau und Bewegung 30
  3.1 Die Verteilung der Sterne am Himmel 30
  3.2 Scheibe und Halo 31
  3.3 Bewegungen 33
    3.3.1 Pekuliargeschwindigkeiten 33
    3.3.2 Die differentielle Rotation der galaktischen
        Scheibe 36
    3.3.3 Die Bewegung im Halo 41

4. Der Lebenslauf der Sterne 43
  4.1 Wie die Sterne entstehen 43
  4.2 Die Sterne der Hauptreihe 48
  4.3 Der Wasserstoff erschöpft sich 50
  4.4 Das Interstellare Medium wird verunreinigt 53
  4.5 Die chemische Entwicklung der Milchstraße 56

5. Gas und Staub 61
  5.1 Die Materie zwischen den Sternen 61
  5.2 Der strahlende Wasserstoff 62
  5.3 Leuchtende Gasnebel und HII-Regionen 63

5.4 Der neutrale Wasserstoff 64
5.5 Das Wolkenmedium und der molekulare
Wasserstoff 74
5.6 Die wichtige Rolle der interstellaren Staubteilchen 75
5.7 Das Zwei-Phasen-Modell des Interstellaren
Mediums................................ 78
5.8 Die turbulente Milchstraße 79
5.8.1 Die lokale Gasblase 81
5.8.2 Die heiße Korona der Milchstraße 82

6. Die Dynamik der galaktischen Scheibe 84
6.1 Ein einfaches Modell der galaktischen Scheibe ... 84
6.2 Spiralwellen in galaktischen Scheiben 89
6.3 Die Spiralstruktur unserer Milchstraße 90
6.4 Die Dynamik der Dichtewellen 95
6.5 Die Dynamik der Sternscheibe 96

7. Das Zentrum der Milchstraße 98
7.1 Langwellige Strahlung aus dem Zentrum 98
7.2 Der galaktische Bulge 99
7.3 Die innersten Kiloparsec 100
7.4 Die Quelle im Sternbild des Schützen 103
7.5 Im Zentrum ein Schwarzes Loch? 104

8. Wie entstand die Milchstraße? 107
8.1 Die „Metallizität" der Sterne 107
8.2 Das ELS-Bild: Galaxienentstehung im schnellen
Kollaps 108
8.3 Schönheitsfehler im ELS-Bild 113
8.3.1 Die Dicke Scheibe 114
8.3.2 Die ältesten Weißen Zwerge 116
8.3.3 Die chemische Uhr der Milchstraße 117
8.4 Das neue Bild von der Entstehung der Milchstraße 119
8.5 Die kannibalische Milchstraße 122

Kommentiertes Literaturverzeichnis 125

Register 126

1. Steckbrief Milchstraße

Wir stehen mit der Sonne mitten unter ein- oder zweihundert Milliarden Sternen. Irgend jemand hat ausgerechnet, daß es etwa so viele sind, wie Reiskörner in eine Kirche gestopft werden können. Nur nicht so dicht gepackt sind sie, im Gegenteil, sie stehen lose beieinander, so locker verteilt wie eine Handvoll Reiskörner über ganz Europa verstreut. Ihre gegenseitige Schwereanziehung hält sie beieinander, ihre Bewegung hindert sie, auf den gemeinsamen Schwerpunkt zu stürzen. Die meisten von ihnen füllen das Raumgebiet einer flachen Scheibe aus. Ihre Bewegung ist so, als ob sich die Scheibe um ihren Mittelpunkt drehen würde. Der innere Bereich rotiert rascher als der äußere. Ein Lichtstrahl benötigt von einem Randpunkt quer durch die Mitte zum anderen etwa 100 000 Jahre. Lange Zeit ahnte der Mensch nichts von diesem System von Sternen, obwohl er es jede Nacht vor Augen hatte.

Seit Menschen zum Nachthimmel blicken, kennen sie das milchig-weiße Band der Milchstraße, das sich als gewaltiger Kreis über den Nord- und Südhimmel zieht. Im August des Jahres 1609 richtete Galileo Galilei sein kleines Teleskop zum Himmel und erkannte, daß dieser Streifen aus zahllosen Einzelsternen besteht. Was mit freiem Auge als helle Flecken erschien, waren im Fernrohr Anhäufungen von Sternen. Eineinhalb Jahrhunderte später erklärte der englische Naturforscher Thomas Wright of Durham, wie das Band der Milchstraße zustande kommt. Die Sterne erfüllen den Raum nicht gleichförmig, meinte er, sondern stehen nur in einer verhältnismäßig dünnen, von zwei parallelen Ebenen begrenzten Schicht. Mitten unter ihnen sind auch wir mit unserer Sonne. In welche Richtung wir auch in den Raum hinausschauen, überall sehen wir Sterne. Blicken wir senkrecht zu den beiden Begrenzungsebenen, erkennen wir nur verhältnismäßig wenige. Schauen wir aber entlang der Sternschicht, so sehen wir ungleich mehr. Deshalb erscheint uns die Schicht der Sterne als breiter, sternreicher Streifen am Himmel, die Milchstraße.

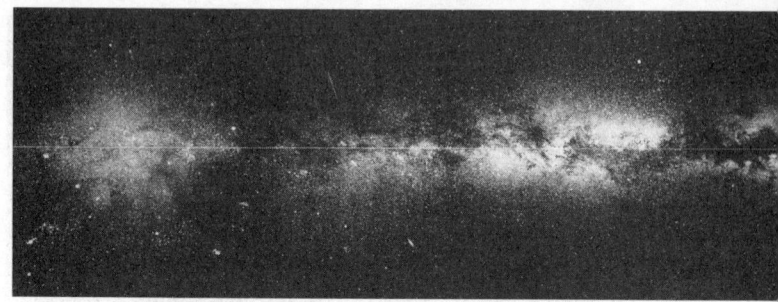

Abb. 1.1: Das Band der Milchstraße in einem aus Einzelbildern zusammen-
gesetzten Mosaik. In der rechten Bildhälfte ist links das Zentrum der
Milchstraße durch einen Pfeil angedeutet. Der Pfeil rechts daneben weist
auf den sogenannten „Kohlensack" hin, eine Staubwolke, die das Licht der
dahinterstehenden Sterne absorbiert (Aufnahme: ESO).

Immanuel Kant in Königsberg ging noch einen Schritt weiter.
Er fragte sich, wie Wrights flache Schicht erschiene, wenn man
sie von außen betrachten würde. Kant wußte bereits, daß man
am Himmel viele kleine Nebelscheibchen sieht, die einmal
kreisrund, das andere Mal von elliptischer Form sind. Bisweilen zeigen sie spiralige Unterstrukturen. Den bekanntesten Ne-
belfleck, den *Andromedanebel*, sieht man schon mit freiem
Auge. Kant vermutete, daß jene Scheibchen Wrightsche Stern-
schichten sind, die weit draußen im Raum stehen: gewaltige,
mit Sternen angefüllte Kreisscheiben, und unser eigenes Sternsystem ist nur eines von ihnen. Bei einigen schauen wir senkrecht auf die Scheibe und sehen sie kreisrund. Auf andere blik-
ken wir von der Seite, und sie erscheinen uns als schmale
Streifen.

Erst im Jahre 1924 konnte man beweisen, daß Kant recht
hatte. Der Andromedanebel, zum Beispiel, steht in großer Entfernung und ist in Wahrheit so groß, daß er sich mit unserem
Sternsystem durchaus messen kann. In Anlehnung an unser
Milchstraßensystem, die *Galaxis*, nannte man die anderen Systeme *Galaxien*.

Der amerikanische Astronom Harlow Shapley hatte um die
Zeit des Ersten Weltkrieges bemerkt, daß der Mittelpunkt der

↑ Milchstraßenzentrum   ↑ Kohlensack

Galaxis in der Richtung des Sternbildes Schütze liegt, dort, wo uns auch die Milchstraße besonders hell erscheint. Wir stehen nicht gerade am Rand der Scheibe, aber auch nicht in der Mitte. Die Scheibe ist in einen kugelförmigen Bereich eingebettet, in dem gleichfalls Sterne stehen, wenn auch spärlicher verteilt. Das ist der *Halo* unserer Galaxis. Bisweilen häufen sich in ihm die Sterne zu sogenannten *Kugelsternhaufen*, in denen bis zu einer Million Sterne auf ein Raumgebiet von 60–200 Lichtjahren Durchmesser zusammengedrängt sind. Auch die anderen Galaxien zeigen solche Halos. Um die Kugel unseres die Scheibe umgebenden Halos zu durchqueren, benötigt das Licht etwa 600 000 Jahre.

Unser Sternsystem ist nur eines von vielen Millionen, ja vielleicht von unendlich vielen ähnlichen Systemen. Nur für uns ist es von besonderer Bedeutung, da wir in ihm leben und seine Sterne genauer untersuchen können als die der anderen Systeme.

Der Raum zwischen den Sternen unseres Systems ist nicht leer, Gas- und Staubmassen füllen ihn aus. Diese *Interstellare Materie* ist stark verdünnt, stärker als es den Vakuumtechnikern auf der Erde bisher gelang. Im Volumen eines Weinglases findet man im Mittel nur ein Atom. Wasserstoff und Helium

9

sind verhältnismäßig häufig. Im Raum zwischen den Sternen
hat sich ein Teil der Wasserstoffatome zu Wasserstoffmolekülen gepaart. Andere Atome wie die von Kohlenstoff, Stickstoff
und Sauerstoff findet man ebenfalls im interstellaren Gas.
Auch sie haben sich zum Teil mit Atomen zu Molekülen ver-
bunden und zum Beispiel Kohlenmonoxid gebildet. Viele Mo-
lekülarten machen sich durch ihre Radiostrahlung bemerkbar.
So findet der Radioastronom komplizierte organische Mole-

---

[1] 1 kpc (Kiloparsec) = 1000 pc (Parsec) = 3260 Lichtjahre (vgl. S. 16)
[2] $\mathcal{M}_\odot$ ist das Zeichen für die Masse der Sonne ($= 2 \times 10^{30}$ kg). Mit dem
Index $\odot$ meinen die Astronomen immer die Sonne.

küle im fast leeren Raum zwischen den Sternen vor, sogar solche, die sich aus bis zu 13 Einzelatomen zusammensetzen. In den 70er Jahren haben die Radioastronomen riesige Gaswolken entdeckt, die hauptsächlich aus Wasserstoffmolekülen bestehen. In ihnen steht auch der Staub verhältnismäßig dicht. Sie sind die Orte, an denen Sterne geboren werden. Im gesamten System entsteht jährlich etwa ein Dutzend neuer Sterne.

Die Gasmassen in der Scheibe zeigen eine Spiralstruktur, wie wir sie auch bei anderen Sternsystemen sehen; als man noch nicht wußte, daß sie aus Einzelsternen bestehen, wurde darum der Name *Spiralnebel* eingeführt. Heute wissen wir, daß die Spiralen die Orte sind, an denen gerade erst entstandene Sterne die umgebenden Gasmassen zum Leuchten anregen.

Die ältesten Sterne unserer Galaxis sind Greise von 13 bis 16 Milliarden Jahren. Ihnen gegenüber ist die Sonne mit 4,6 Milliarden Jahren jung. Die Galaxis beherbergt aber auch Kinder, die höchstens eine Million Jahre alt sind. Die schon mit dem freien Auge erkennbare Gruppe der *Plejaden*, zum Beispiel, hat ein Alter von 50 Millionen Jahren.

Manche Sterne enden in einer gewaltigen Explosion als sogenannte *Supernovae*. Dann gelangen chemische Elemente, die der Stern erst im Laufe seines Lebens gebildet hat, in das die Sterne umgebende Gas. In unserem Sternsystem haben wir die letzten Supernova-Explosionen noch vor der Erfindung des Fernrohres beobachtet. Vor einigen Jahren machte eine Sternexplosion in einer unserem System nahegelegenen Galaxie Furore, die Supernova in der Großen Magellanschen Wolke. Sie ging vor 170 000 Jahren hoch. Am 23. Februar 1987 erreichte ihr Licht die Erde.

Doch Supernovae sind eigentlich keine seltenen Ereignisse. Wenn wir in der Lage wären, die flache Scheibe unserer Galaxis von einem Raumschiff aus von außen zu beobachten, dann sähen wir zwar mehr Explosionen, da uns die das Licht verschluckenden Staubwolken weniger stören würden, wir müßten aber doch im Mittel vielleicht ein halbes Jahrhundert warten, bis unter den 100 Milliarden Sternen einer explodiert. Man könnte glauben, daß solch ein seltenes Ereignis unter den

Milliarden von Sternen keine Rolle spielt. Doch betrachten wir die Scheibe einmal im Zeitraffer, in dem 100 Millionen Jahre nur eine Stunde sind, also etwa eine Milliarde mal beschleunigt: Dann blitzten in der Scheibe in jeder Sekunde 500 Supernovae auf. Jede würde nur etwa für eine Zehntausendstel Sekunde leuchten.

Das Gas zwischen den Sternen wird durch die schwereren Elemente aus den Supernova-Explosionswolken verunreinigt. Sterne, die später daraus entstehen, haben zum Beispiel einen höheren Metallgehalt als Sterne, die zur ersten Generation gehören. Viele der Stoffe in unserem Körper, etwa das Kalzium in unseren Knochen oder der Kohlenstoff in unseren Eiweißverbindungen, sind im Inneren eines Sterns zusammengekocht worden. Dagegen wurden Gold und Cäsium irgendwann einmal bei einer Supernova-Explosion gebildet und in den Raum geschleudert.

Für die im Weltall wichtigsten chemischen Elemente sind im Kasten auf S. 10 die Häufigkeitsverhältnisse angegeben. Auch die Gase in fernen Sternsystemen, selbst in solchen, von denen das Licht zu uns Jahrmillionen unterwegs ist, ehe es uns erreicht, bestehen aus ganz ähnlichen chemischen Mischungen.

Die Sterne ziehen so ihre Bahnen um das galaktische Zentrum, daß sich die Fliehkraft der Bewegung und die Schwerkraft der Masse der Milchstraße gerade die Waage halten. Das gestattet, aus ihren Geschwindigkeiten in verschiedenem Abstand vom Zentrum etwas über die Verteilung der Masse zu erfahren. Nicht, daß wir davon gar keine Ahnung hätten. Wir beobachten die Sterne und wissen, in welchen Entfernungen vom Zentrum sie stehen. Das gibt uns die Verteilung der *sichtbaren* Materie. Die *Bewegung* der Sterne gibt uns aber einen Hinweis auf die *gravitierende*, also Schwerkraft ausübende Materie. Das Ergebnis ist beunruhigend, und bis heute haben wir es noch nicht verstanden: In unserem Milchstraßensystem gibt es etwa zehnmal soviel gravitierende Materie wie sichtbare. In den Sternen und in den Gas- und Staubmassen unserer Milchstraße sehen wir nur die Spitze eines Eisberges. Wo steckt die unsichtbare Materie unseres Sternsystems? Das ist eine der Fragen, die den Astronomen von heute bewegen.

Die Milchstraße ist eine rotierende Scheibe aus Sternen, Gas und Staub. Was steht in dem Zentrum, um das sich alles dreht? Es gibt Galaxien, aus deren Zentrum Teilchenstrahlen herausgeschossen kommen, fast so schnell wie das Licht. Dann wiederum gibt es Galaxien, die – äußerlich unscheinbar – erst auffallen, wenn man ihre Radiostrahlung untersucht. Doch diese kommt gar nicht aus der Galaxie selbst, sondern von zwei links und rechts neben dem Sternsystem stehenden Flecken, die man im sichtbaren Licht nicht bemerkt. In zwei nadelscharf fokussierten Strahlen kommt Materie nahezu mit Lichtgeschwindigkeit in zwei entgegengesetzte Richtungen aus dem Zentrum geschossen und beliefert die beiden Materieballen, die kein sichtbares Licht, wohl aber Radiostrahlung aussenden. Der einzige Mechanismus, der so hohe Energien auf engstem Raum freisetzen kann, wäre ein *Schwarzes Loch* (vgl. Abschnitt 7.5) im Zentrum jener Galaxien, in das Materie stürzt.

Beherbergt auch unser Milchstraßensystem in seinem Zentrum ein Schwarzes Loch? Zwar ist das Band der Milchstraße dort besonders hell, doch dichte Staubwolken gestatten keinen direkten Blick auf das galaktische Zentrum. Nur Radiowellen, Röntgenstrahlung und infrarotes Licht können die Staubmassen durchdringen. Was sie uns bisher gezeigt haben, ist nicht besonders aufregend. Im Bereich der Radiowellen ist das Zentrum besonders hell. Es zeigt einige Strukturen und auch eine recht unscheinbare punktförmige Radioquelle, die man für das geheimnisvolle Zentrum der Milchstraße hält. Die Radiostrahlung jener Gegend wurde übrigens zu der Zeit ausgesandt, zu der wir auf der Erde uns anschickten, Büffel an Höhlenwände zu malen.

Vor etwa viereinhalb Milliarden Jahren bildete sich in der Scheibe des Milchstraßensystems ein Sternhaufen, einer seiner Sterne war unsere Sonne. Im Laufe der darauffolgenden Millionen Jahre löste sich die Sterngruppe auf, die Geschwister verloren einander aus den Augen.

Von der Sonne wissen wir, daß sie bei ihrer Geburt eine Anzahl Planeten mitbekam, die sie umkreisen. Von einem Planeten wissen wir, daß sich auf ihm aus den in den Sternen erzeugten höheren chemischen Elementen Leben bildete, das, als es reif dazu war, begann, darüber nachzudenken, wie das gewaltige System der Galaxis entstand, wie es beschaffen ist und nach welchen Gesetzen es sich bewegt und entwickelt. Auf viele Fragen weiß es auch heute noch keine Antwort.

2. Entfernungs- und Geschwindigkeitsbestimmungen

Die Strahlung, die wir von einem leuchtenden Körper erhalten, ist um so geringer, je weiter entfernt er steht. Wenn die schwächsten, gerade noch mit freiem Auge erkennbaren Sterne etwa die gleiche Strahlungsleistung haben wie die Sonne, dann müssen sie 3,6 millionenmal so weit entfernt sein. Braucht das Licht von der Sonne zu uns 8 Minuten, so benötigt es von ihnen mehr als 56 Jahre. Lange Zeit war die Helligkeit der Sterne der einzige Hinweis auf ihre Entfernung – ein sehr unsicheres Indiz, denn die Strahlungsleistung der Sterne kann die der Sonne um das 100fache übertreffen, sie kann aber auch bei einem Tausendstel liegen.

2.1 Die Parallaxenmethode

In der ersten Hälfte des 19. Jahrhunderts wurde eine wesentlich verläßlichere Methode zur Bestimmung der Entfernung der Sterne gefunden. Seit der kopernikanischen Wende, also seit 1543, war bekannt, daß sich die jährliche Bewegung der Erde um die Sonne in einer scheinbaren Verschiebung der Sterne am Himmel widerspiegeln müßte, doch erst um das Jahr 1837 reichte die Meßgenauigkeit aus, diesen Effekt nachzuweisen.

Die im Kasten auf S. 16 beschriebene Parallaxenmethode gestattete es bis vor kurzem, Entfernungen bis zu maximal 100 pc zu messen. Für größere Entfernungen ist die Parallaxe der Sterne so klein, daß sie sich in den Meßfehlern verliert. Einen wesentlichen Fortschritt brachte der 1989 gestartete Meß-Satellit HIPPARCOS, der von einer elliptischen Umlaufbahn um die Erde aus die Orte vieler Sterne relativ zu in großer Entfernung stehenden extragalaktischen Objekten bestimmte. Mit ihm gelang es, Parallaxen bis zu 0,002 Bogensekunden zu messen. Wie die Formel (2.2) auf Seite 16 zeigt, wurden damit erstmals Sterne bis zu einer Entfernung von 500 pc der Parallaxenmethode zugänglich.

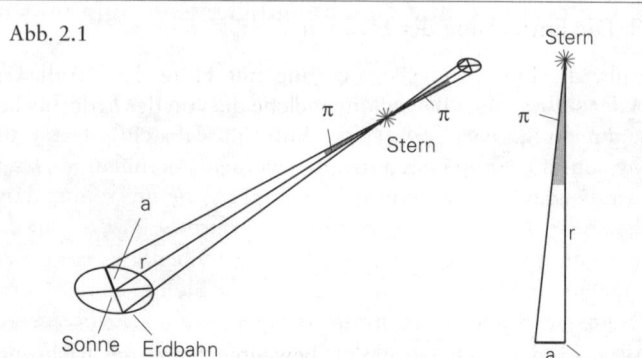

Abb. 2.1

Parallaxe und Parsec

Während die Erde um die Sonne kreist, beschreibt jeder Stern am Himmel vor dem Hintergrund eine kleine Ellipse. Ihre große Halbachse ist die Parallaxe, der Winkel π, unter dem, vom Stern aus gesehen, der Radius der Erdbahn erscheint. π ist ein Maß für seine Entfernung. Die Teilzeichnung der Abbildung 2.1, rechts, zeigt, wie in dem rechtwinkligen Dreieck, das links perspektivisch zu sehen ist, r aus π und dem Radius der Erdbahn a durch eine einfache Dreiecksrechnung bestimmt werden kann:

$$a/r = \sin \pi. \qquad (2.1)$$

Dabei ist a der Erdbahnradius, die sogenannte *astronomische Einheit* AE (1 AE gleich 149,6 Millionen km), r ist der Abstand des Sterns. Für kleine Winkel π ist in guter Näherung $\sin \pi \approx \pi$, wobei π in Bogenmaß zu nehmen ist. Dem Winkel von einer Bogensekunde entspricht das Bogenmaß 0,0000048. Wir nennen die entsprechende Entfernung ein *Parsec* (pc, 1 pc = 3,26 Lichtjahre). Diese Einheit ist so gewählt, daß zwischen der in pc gemessenen Entfernung r_{pc} und der in Bogensekunden gemessenen Parallaxe π die einfache Beziehung besteht:

$$r_{pc} = 1/\pi. \qquad (2.2)$$

Neben dem pc gibt es noch *Kiloparsec* und *Megaparsec* (1 Mpc = 1000 kpc = 1 000 000 pc). Die Entfernungen in unserem Milchstraßensystem werden meist in kpc gemessen, die Abstände zwischen verschiedenen Milchstraßensystemen im Raum in Mpc.

2.2 Die Entfernung der Hyaden

Beruht die Entfernungsbestimmung mit Hilfe der Parallaxen auf der *scheinbaren* Bewegung, welche die von der Erde aus beobachteten Sterne ausführen, so hilft die *wahre* Bewegung der Sterne im Raum, die Milchstraße in noch weiterer Entfernung zu vermessen.

2.2.1 Eigenbewegung und Radialgeschwindigkeit

Wie bei jedem Gegenstand, der sich an unserem Auge vorbeibewegt, ändert sich bei einem bewegten Stern die Richtung, unter der wir ihn am Himmel sehen. Diese Richtungsänderungen sind um so größer, je näher uns die Sterne stehen. Deshalb bilden die entfernten und am Himmel schwach erscheinenden Sterne einen praktisch unbewegten Hintergrund, vor dem die sogenannte *Eigenbewegung* μ eines nahen Sterns gemessen werden kann. Sie wird in Bogensekunden pro Jahr angegeben. Eine hohe Genauigkeit ist nötig, denn es gibt nur etwa 500 Sterne, deren Eigenbewegung mehr als eine Bogensekunde pro Jahr beträgt. Den Rekord hält „Barnards Stern", der pro Jahr 10 Bogensekunden gegenüber den Hintergrundsternen zurücklegt. Immerhin benötigt auch er 180 Jahre, ehe er sich um eine Vollmondbreite weiterbewegt hat. Die in Bogensekunden pro Jahr gemessene Eigenbewegung sagt noch nichts über die Geschwindigkeit in km/s quer zur Blickrichtung, der sogenannten *Tangentialgeschwindigkeit* v_t aus.

Die Eigenbewegung kann nur eine Aussage über die Geschwindigkeitskomponente quer zur Blickrichtung des irdischen Beobachters machen. Bewegt sich aber ein Stern geradewegs auf uns zu oder von uns weg, erscheint er vor den Hintergrundsternen unbewegt. Die Bewegung in Blickrichtung läßt sich durch rein geometrische Beobachtungen nicht erkennen. Sie muß mit Hilfe des sogenannten *Dopplereffektes* des Lichtes bestimmt werden.

Zerlegt man das Licht eines Sterns nach Wellenlängen, so entsteht ein *Spektrum*, ein Streifen, in dem mittels eines Spek-

Eigenbewegung und Tangentialgeschwindigkeit

Wenn sich ein Stern in der Entfernung r mit der Geschwindigkeit v_t quer zur Blickrichtung bewegt, legt er im Jahr die durch einen Pfeil gekennzeichnete Wegstrecke zurück. Für den Beobachter verschiebt sich sein Ort infolge der Eigenbewegung um den grau angedeuteten Winkel μ. Von den drei Größen μ, r, v_t läßt sich aus zweien jeweils die dritte nach einer einfachen Dreiecksaufgabe berechnen. So besteht zum Beispiel die folgende Beziehung:

$$v_t = 4{,}74\ r_{pc}\ \mu = 4{,}74\ \mu/\pi, \qquad (2.3)$$

wobei wir von der Beziehung (2.2) Gebrauch gemacht haben. Der Zahlenfaktor 4,74 rührt daher, daß wir v_t in km/s, μ in Bogensekunden pro Jahr und r in pc messen.

Abb. 2.2

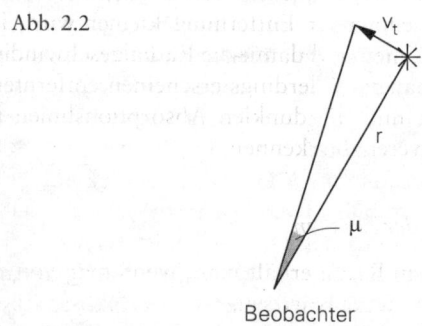

Beobachter

tralapparates die einzelnen Bestandteile des Lichtes nach ihren Wellenlängen vom langwelligen roten Licht über die Farben des Regenbogens bis zum kurzwelligen Blau und Violett geordnet sind. Bei bestimmten Wellenlängen treten dunkle Linien auf. Das dort fehlende Licht wurde von den Atomen der Sternatmosphäre absorbiert (vgl. Abschnitt 5.2). Das Linienmuster ist charakteristisch für die absorbierenden Atome.

Wenn sich der Stern auf uns zu bewegt, dann erscheinen uns die Wellenlängen der Linien kürzer als im Fall eines ruhenden Sterns. Die Linien eines sich von uns entfernenden Sterns erscheinen uns langwelliger. Das ist der Dopplereffekt, der vom

Schall her bekannt ist: Das Martinshorn eines Unfallwagens scheint einen höheren Ton zu haben, wenn er sich auf uns zu bewegt, einen niedrigeren, wenn er, nachdem er vorbeigefahren ist, sich wieder von uns entfernt. Die Verschiebung in den Spektren der Sterne läßt sich durch Vergleich mit den Spektren der gleichen chemischen Elemente im Labor messen und so die Geschwindigkeit des Sterns in Blickrichtung, die *Radialgeschwindigkeit* v_r, bestimmen. Ihre Werte liegen im Mittel bei etwa 20 km/s. Es gibt aber auch Sterne, die sich mit einigen hundert km/s von uns weg oder auf uns zu bewegen. Im letzteren Fall besagt das aber nicht, daß ihre Flugrichtung auf unser Sonnensystem „zielt". Ihre Tangentialgeschwindigkeit v_t führt sie sicher an uns vorbei.

Während die Eigenbewegung eines Sterns gegebener Geschwindigkeit mit zunehmender Entfernung kleiner wird, ist die Verschiebung der Linien und damit die Radialgeschwindigkeit entfernungsunabhängig. Allerdings erscheinen entferntere Sterne lichtschwächer, und die dunklen Absorptionslinien in den Spektren sind schwerer zu erkennen.

2.2.2 Der Sternstrom der Hyaden

Die wahre Bewegung im Raum erhält man, wenn man von einem Stern Entfernung, Eigenbewegung und Radialgeschwindigkeit kennt. Aber man kann auch umgekehrt die Entfernung bestimmen, wenn man die wahre Raumgeschwindigkeit, die Radialgeschwindigkeit und die Eigenbewegung kennt. Dazu helfen uns Sterne, die etwa gleichzeitig aus derselben Wolke entstanden sind und in parallelen Bahnen durch unser Milchstraßensystem ziehen, der ursprünglichen Bewegung der Wolke folgend. Bei ihnen kann man aus der leicht meßbaren Radialgeschwindigkeit und ihrer Flugrichtung im Raum die wahre Geschwindigkeit und die Geschwindigkeit quer zur Blickrichtung bestimmen. Vergleicht man diese mit der Eigenbewegung, so folgt daraus die Entfernung.

Das klassische Beispiel dafür ist die Sterngruppe der *Hyaden* im Sternbild Taurus, einem Sternhaufen, der aus einigen hun-

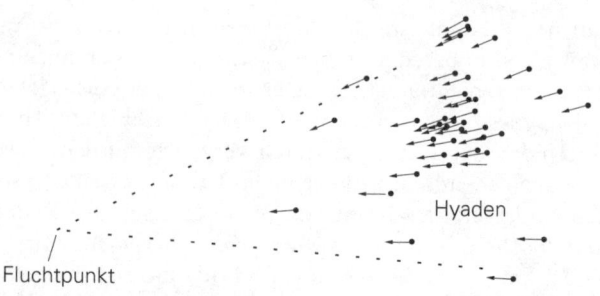

Hyaden

Fluchtpunkt

Abb. 2.3: Die Sterne der Hyaden bewegen sich im Raum parallel zueinander. Am Himmel täuscht uns die Perspektive vor, die Bahnen würden sich in einem Punkt, dem *Fluchtpunkt*, schneiden. Die Abbildung 2.4 zeigt, wie der Winkelabstand zwischen dem Fluchtpunkt und einem Stern im Zentrum des Hyadenhaufens zur Entfernungsbestimmung benutzt wird.

dert Sternen besteht. Man kann die Entfernung der Mitglieder grob mit der Parallaxenmethode erhalten, doch gestattet ihre Bewegung eine sehr viel genauere Entfernungsbestimmung. Die Hyadensterne nehmen am Himmel eine Fläche ein, die im Durchmesser etwa 40 Vollmonddurchmessern entspricht. Die Eigenbewegungen der Sterne scheinen am Himmel alle in einem Punkt im Sternbild des Orion zusammenzulaufen (vgl. Abb. 2.3). Das liegt an einem perspektivischen Effekt. Parallele Linien scheinen sich für einen Betrachter immer in einem Punkt zu schneiden, man denke an den bekannten Effekt paralleler Eisenbahnschienen, die am Horizont zusammenlaufen. Der Punkt am Himmel, auf den die Hyadensterne zielen, verrät uns, in welche Richtung der Sternhaufen fliegt. Damit kennt man die Richtung der wahren Geschwindigkeit der Hyadensterne: Sie fliegen auf den Punkt im Orion zu. Im Kasten auf S. 21 ist gezeigt, wie man aus den Radialgeschwindigkeiten und den Eigenbewegungen die Entfernung der Sterngruppe bestimmen kann.

Das Zentrum des Hyadenhaufens ist 46 pc von uns entfernt, liegt also in einem Bereich, in dem die erdgebundene Parallaxenmethode schon recht unsicher wird. Die Messungen durch HIPPARCOS haben die mit der Sternstrommethode ge-

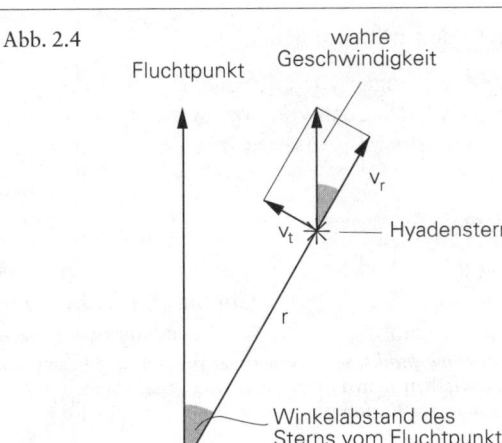

Abb. 2.4

wahre Geschwindigkeit

Fluchtpunkt

v_r

v_t —— Hyadenstern

r

Winkelabstand des Sterns vom Fluchtpunkt

Beobachter

Wie man die Entfernung der Hyaden bestimmt

Der untere, grau gezeichnete Winkel im Bild ist der Winkelabstand des Hyadensterns vom Fluchtpunkt (vgl. Abb. 2.3). Der Winkel rechts oben ist gleich groß. Aus ihm folgt, in welche Richtung sich der eingezeichnete Hyadenstern bewegt. Seine Geschwindigkeit setzt sich aus der Radialgeschwindigkeit v_r und der Tangentialgeschwindigkeit v_t zusammen. Da v_r bekannt ist, folgt aus dem gezeichneten Rechteck v_t. Aus der gemessenen Eigenbewegung folgt dann gemäß Abbildung 2.2 die Entfernung r.

wonnene Entfernung bestätigt. Der „Kern" der Hyaden besitzt einen Durchmesser von etwa 6 pc. Seine Geschwindigkeit beträgt 31 km/s.

Die Hyaden sind unserem Sonnensystem am nächsten. Ebenfalls im Sternbild Taurus findet man den zweiten nahen Sternhaufen, die *Plejaden,* in einer Entfernung von 135 pc.

Die Hyaden und Plejaden gehören zur Gruppe der *offenen Sternhaufen.* Sie sind, anders als die massereichen und alten Kugelsternhaufen, junge Objekte der galaktischen Scheibe.

2.3 Photometrische Entfernungen

Mit 50 oder 100 pc dringen wir noch nicht weit in die Tiefen unserer Galaxis vor. Doch auch von dort erreicht uns das Licht der Sterne, dessen Stärke Hinweise auf ihre Entfernung gibt.

2.3.1 Die Helligkeit der Sterne

Die Bestimmung der Helligkeit eines Sterns ist die Aufgabe der *Photometrie*. Sie wird durch den Strahlungsfluß S bestimmt, der angibt, wieviel Strahlungsenergie eines Sterns pro Zeiteinheit auf die Flächeneinheit trifft. Man kann etwa die Stärke der Schwärzung messen, die er auf einer photographischen Platte

---

Die Größenklassen der Sterne

Wir sehen die Helligkeit verschiedener Lichtpunkte *„logarithmisch"*. Das heißt, wir empfinden nicht die *Differenz* in der Strahlungsenergie, die wir pro Sekunde von zwei Lichtpunkten erhalten, sondern das *Verhältnis*. Ist von drei Lichtpunkten der zweite doppelt so hell wie der erste, der dritte doppelt so hell wie der zweite, so empfinden wir die Unterschiede zwischen den Punkten 1 und 2 genauso stark wie zwischen den Punkten 2 und 3. Deshalb hat man schon frühzeitig in der Astronomie den Begriff der *Größenklasse* eingeführt. Zwei Sterne haben einen Helligkeitsunterschied von einer Größenklasse, wenn die von ihnen auf eine Fläche, etwa die der Pupillen unserer Augen, pro Sekunde treffenden Energiemengen sich um den Faktor 2,512 unterscheiden. Die genaue Definition im Unterschied in den Größenklassen m_1 und m_2 zweier Sterne, von denen die Strahlungsintensitäten S_1 und S_2 zu uns kommen, ist

$$m_1 - m_2 = -2,5 \log S_1/S_2. \qquad (2.4)$$

Der Nullpunkt dieser sogenannten Größenklassenskala ist dabei so festgelegt, daß der Polarstern die Helligkeit von 2,12 Größenklassen besitzt. Die Definition der Größenklasse ist irreführend gewählt, da für schwache Sterne ihr Zahlenwert größer ist als für helle. Das Auge kann gerade noch Sterne der Größenklasse 6 erkennen, man bezeichnet ihre Größe mit 6^m. Demgegenüber hat der Stern Wega die Größe 0^m, Sirius $-1,6^m$ und die Sonne $-26,8^m$.

---

erzeugt, man kann mit elektronischen Methoden die Photonen zählen, die in der Zeiteinheit auf eine bestimmte Fläche fallen. Werden heute die Sterne fast nur noch mit solchen objektiven Methoden photometriert, so stammt die im Kasten auf S. 22/23 beschriebene Helligkeitsskala, in die man die Meßdaten einordnet, noch aus der Zeit, als man die Helligkeit eines Sterns subjektiv mit dem Auge schätzte.

Mit Hilfe der Beziehung (2.5) kann man die Entfernung jedes Objektes aus seiner scheinbaren Größe berechnen, vorausgesetzt, man kennt seine absolute Größe. Unter den Sternen unseres Milchstraßensystems gibt es gewisse Typen, deren Strahlungsleistung und damit auch deren absolute Größe bekannt ist. Sie dienen als *Standardkerzen* im Weltall. Man spricht in

---

Da die Helligkeit nicht unmittelbar ein Maß für die wahre Strahlungsleistung der Sterne ist, nennt man sie die *scheinbare Größe*. Sie sagt noch nichts über die wahre Strahlungsleistung eines Sterns aus, da sie von der Entfernung abhängt. Anders die *absolute Größe*. Sie ist die scheinbare Größe, mit der ein Stern erschiene, wenn wir ihn aus einer Entfernung von 10 pc sähen. Die scheinbare Größe hängt von der Strahlungsleistung des Sterns und seiner Entfernung ab. Die absolute Größe ist allein eine Eigenschaft des Sterns. Um aus der scheinbaren Größe m die absolute Größe M zu erhalten, muß man die Entfernung kennen. Dann kann man eine einfache Umrechnungsformel benutzen:

$$m - M = 5 \, \log r_{pc} - 5. \qquad (2.5)$$

Da der Abstand Erde–Sonne ein AE, also etwa 150 Millionen km = 0,00000485 pc beträgt, folgt für die Sonne mit $m = -26,8^m$ die absolute Größe von $4,74^m$. Die Entfernung der Hyaden beträgt 46 pc. Damit ist für alle Hyadensterne $m - M = 3,31^m$. Man kommt also von der scheinbaren Größe eines Hyadensterns zu seiner absoluten, indem man die Zahl 3,31 abzieht.

Aus der absoluten Größe eines Sterns folgt seine Strahlungsleistung, die *Leuchtkraft L*

$$L/L_\odot = 10^{0,4(4,74-M)}. \qquad (2.6)$$

Dabei ist $L_\odot$ die Leuchtkraft der Sonne. Sie beträgt $3,9 \times 10^{26}$ Joule/s.

diesem Fall von einer photometrischen Entfernungsbestimmung. Sie bedarf aber der oben genannten Standardkerzen. Hier helfen wieder die Hyaden.

2.3.2 Von den Hyaden zu den Hauptreihen anderer Sternhaufen

Die beobachtbaren Eigenschaften der Sterne sind nicht willkürlich, sie werden durch ihre Entwicklung gesteuert. Den größten Teil der Zeit, von seiner Geburt bis zu seinen Endphasen, wird die Strahlungsleistung eines Sterns von der Energie gedeckt, die bei der Fusion des Wasserstoffs zu Helium im Inneren des Sterns frei wird. Sterne in dieser Phase ihrer Entwicklung nennt man die *Hauptreihensterne*. Wir werden in Kapitel 4 bei der Entwicklung der Sterne noch ausführlicher auf sie zurückkommen. Für Hauptreihensterne besteht eine enge Korrelation zwischen absoluter Größe (oder Leuchtkraft) und Oberflächentemperatur (oder Farbe). Daß Oberflächentemperatur und Farbe eng zusammenhängen, liegt daran, daß Sterne wie glühende Körper strahlen. Je heißer sie sind, um so weiter verschiebt sich ihre Strahlung nach dem kurzwelligen Teil des Spektrums. Rote Sterne sind mit ihren 4000° relativ kühl im Vergleich zu den blauen mit einer Oberflächentemperatur von etwa 10 000°.

Die Helligkeit eines Sterns hängt vom betrachteten Spektralbereich ab. Das Auge sieht den roten Anteil des Lichtes besser als die photographische Platte mit ihrer hohen Empfindlichkeit im blauen Bereich. Keine der beiden Beobachtungsmethoden nimmt aber die wahre, über *alle* Bereiche des Spektrums ausgesandte Energie eines Sterns auf. Für viele Zwecke reicht bereits der visuelle Bereich aus. Man beobachtet aber nicht etwa mit dem Auge, sondern mit Photometern, denen man mit Hilfe von Filtern die Farbempfindlichkeit des menschlichen Auges gibt. Andere Filter legen andere Spektralbereiche fest. Zum Beispiel liegt der blaue bei der Wellenlänge von $4{,}35 \times 10^{-5}$cm, die scheinbare Größe dort bezeichnet man mit m_b. Der visuelle Bereich mit einer mittleren Wellenlänge von $5{,}55 \times 10^{-5}$cm definiert die sogenannte *visuelle Größe* m_v. So wie wir die scheinbaren Größen m_v und m_b eingeführt haben, so kann man auch absolute Größen für bestimmte Spektralbereiche definieren, etwa M_v und M_b. Auch für diese absoluten und scheinbaren Größen eines Spektralbereiches gilt die Beziehung (2.5). Die Differenz der scheinbaren Größen eines Sterns im blauen und im visuellen Bereich des Spektrums nennt man den *Farbindex*. Die Differenz $m_b - m_v$ bezeichnet man auch als $B - V$. Sie ist ein Maß für die Temperatur. Der Stern Rigel, der zweithellste Stern im Orion, ist heiß, sein Farbindex beträgt $B - V = -0,03^m$. Demgegenüber ist die rote Beteigeuze, der hellste Stern im gleichen Sternbild, mit $B - V = 1,86^m$ relativ kühl.

Die für Hauptreihensterne geltende Beziehung zwischen Leuchtkraft und Farbe ist in der Abbildung 2.5 schematisch dargestellt. Man nennt diese Art der Darstellung nach dem Dänen Ejnar Hertzsprung und dem Amerikaner Henry Noris Russell das *Hertzsprung-Russell-Diagramm* (abgekürzt HR-Diagramm).

Es gibt in unserem Milchstraßensystem viele Gruppen von Sternen, die so einheitlich sind wie die Hyaden. Bei diesen

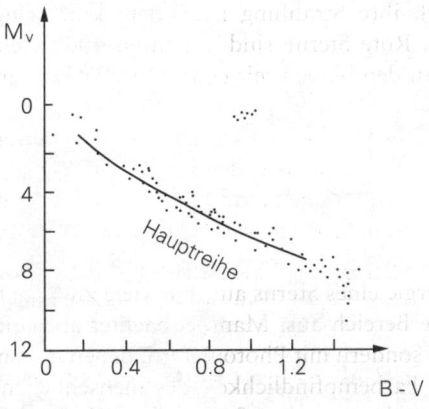

Abb. 2.5: Im Hertzsprung-Russell-Diagramm, hier für den Sternhaufen der Hyaden, wird die visuelle absolute Größe M_v über der durch $B - V$ ausgedrückten Farbe aufgetragen. Für die Entfernungsbestimmung anderer Sternhaufen ist die Hauptreihe der Hyaden besonders wichtig.

Sternhaufen sind die Sterne geringer Leuchtkraft Hauptreihensterne. Die meisten Sternhaufen sind so weit entfernt, daß weder die Parallaxen- noch die Sternstrommethode Entfernungen liefern. Hier kann man ihre Hauptreihen an die der Hyaden anschließen, denn in erster Näherung sind ihre Hauptreihen, die ja von den Eigenschaften der Sterne abhängen, für alle Sternhaufen dieselben. Kennt man die Temperatur eines Hauptreihensterns, so weiß man von der Hauptreihe der Hyaden her seine absolute Größe. Vergleicht man sie mit der scheinbaren Größe des Sterns, so folgt aus der Formel (2.5) die Entfernung. Wie man die darin dargestellte Relation für die Sterne der Hauptreihe zur Entfernungsbestimmung eines Sternhaufens durch Anschluß an die Hyaden benutzt, ist in der Legende zur Abbildung 2.6 erläutert.

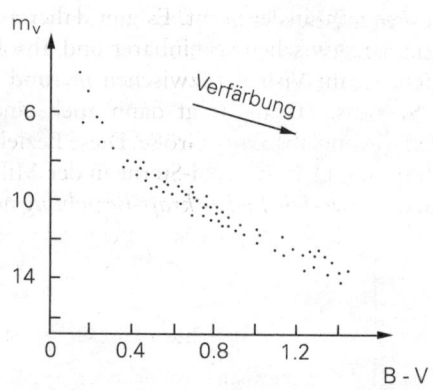

Abb. 2.6: Das Hertzsprung-Russell-Diagramm eines Sternhaufens unbekannter Entfernung. An der Ordinate sind die scheinbaren Größen aufgetragen. Auch hier ist eine Hauptreihe zu erkennen. Da man aus dem Diagramm der Hyaden ersieht, daß Hauptreihensterne der Farbe $B - V = 0{,}7$ die absolute Größe $M_v = 5^m$ besitzen, die Sterne gleicher Farbe in diesem Haufen aber die scheinbare Größe $m_v = 10{,}5^m$ haben, so folgt für diesen Sternhaufen $M - m = -5{,}5^m$. Nach der Gleichung (2.5) folgt daher die Entfernung zu 126 pc. Der Pfeil rechts oben zeigt, wie sich die Sterne im Diagramm verschieben, wenn ihr Licht durch interstellaren Staub absorbiert und verfärbt wird (vgl. Abschnitt 2.3.4).

2.3.3 Pulsierende Sterne als Standardkerzen

Einige Sternhaufen enthalten pulsierende Sterne. Diese ändern periodisch ihren Radius und ihre Helligkeit in einem bestimmten Rhythmus. In einigen Sternhaufen findet man sogenannte *Delta-Cephei-Sterne*, deren Periode im Bereich von Tagen liegt. In Kugelsternhaufen, von denen in Kapitel 1 die Rede war, findet man pulsierende Sterne kürzerer Periode, sogenannte *RR-Lyrae-Sterne*. Es hat sich gezeigt, daß bei den Delta-Cephei-Sternen eine eindeutige Beziehung zwischen ihren Perioden und ihren mittleren absoluten Größen besteht. Das erkannte man an den Delta-Cephei-Sternen in unserer Nachbargalaxie, der Großen Magellanschen Wolke. Bei ihnen gehört zur größeren Schwingungsperiode die größere scheinbare Größe. Da diese Sterne alle in einem Sternsystem stehen, dessen Entfernung wesentlich größer ist als seine Ausdehnung, sind sie praktisch gleich weit von uns entfernt. Es gibt daher auch eine eindeutige Beziehung zwischen scheinbarer und absoluter Größe, also zum Beispiel im Visuellen zwischen m_v und M_v, für alle Sterne des Systems. Daraus folgt dann auch eine Beziehung zwischen Periode und absoluter Größe. Diese Beziehung, die natürlich auch für die Delta-Cephei-Sterne in der Milchstraße gilt und die man die *Perioden-Leuchtkraft-Beziehung* nennt, konnte man mit Hilfe von Delta-Cephei-Sterne enthaltenden Sternhau-

---

Die Perioden-Leuchtkraft-Beziehung für Delta-Cephei-Sterne

In guter Näherung besteht zwischen der Periode P (in Tagen) und der über die Zeit gemittelten visuellen absoluten Größe M_v eines Delta-Cephei-Sterns die Beziehung

$$M_v = -1{,}78 - 2{,}34 \log P. \tag{2.7}$$

Man muß den veränderlichen Stern nur über längere Zeit beobachten und die Länge seiner Periode ermitteln. Dann liefert die Perioden-Leuchtkraft-Beziehung seine mittlere absolute Größe. Vergleicht man sie mit seiner mittleren scheinbaren Helligkeit, so liefert die Formel (2.5) die Entfernung.

fen eichen, deren Entfernung man durch Anschluß ihrer Hauptreihen an die Hyaden nach der oben beschriebenen Methode bestimmt hatte. Die Auswertung der HIPPARCOS-Ergebnisse lieferte 1995 die Entfernung und damit die absolute Helligkeit eines Delta-Cephei-Sterns. Es war die erste Eichung der Perioden-Leuchtkraft-Beziehung mit der Parallaxenmethode.

Die Delta-Cephei-Sterne können also als Standardkerzen benutzt werden. Nennt man einem Astronomen die Periode P und die mittlere scheinbare Größe m_v eines Delta-Cephei-Sterns, so kann er mit Hilfe der Beziehungen (2.5) und (2.7) die Entfernung r angeben (siehe Kasten auf S. 27).

Ähnlich ist es auch bei der anderen Gruppe von pulsierenden Sternen, den RR-Lyrae-Sternen der Kugelsternhaufen. Hier ist es sogar etwas einfacher. Es stellte sich nämlich heraus, daß die absolute Größe dieser Sterne in guter Näherung $0,05^m$ beträgt, unabhängig von ihrer Periode. Die Leuchtkraft eines jeden RR-Lyrae-Sternes beträgt daher etwa das 75fache der Sonne. Wenn ein Kugelsternhaufen einen solchen Stern enthält, so weiß man dessen absolute Größe und kann aus der gemessenen scheinbaren Größe mit Hilfe von (2.5) die Entfernung bestimmen. Die Kugelsternhaufen mit ihren RR-Lyrae-Sternen haben ganz wesentlich geholfen, unser Milchstraßensystem auszuloten.

2.3.4 Interstellare Verfärbung

Die Formel (2.5) stützt sich auf das bekannte Ausbreitungsgesetz des Lichtes einer punktförmigen Quelle im Raum, nach dem die auf eine Einheitsfläche auftreffende Energie pro Sekunde mit dem Quadrat der Entfernung abnimmt. Das ist aber nur wahr, wenn auf dem Weg vom Sender zum Empfänger kein Licht verlorengeht. Der Raum zwischen den Sternen ist aber von Gas- und Staubmassen erfüllt. Vor allem Staubkörner mit Durchmessern im Bereich von Zehntausendstel Millimetern schwächen das Licht. Glücklicherweise kann man diesen Störfaktor eliminieren. Der interstellare Staub schwächt nicht nur das Licht, er verfärbt es auch.

Rötung und Lichtschwächung hängen von der Menge und der Art des Staubes ab. Wären die Staubkörner überall von der gleichen Beschaffenheit, so hingen Rötung und Absorption eindeutig voneinander ab. Glücklicherweise scheinen sich die Staubkörner in den verschiedenen Regionen der Milchstraße nicht allzusehr voneinander zu unterscheiden, so daß im HR-Diagramm nahezu alle Sterne in dieselbe Richtung verschoben werden müssen. Diese Richtung ist in der Abbildung 2.6 durch einen Pfeil nach rechts unten gekennzeichnet. Um die Sterne einer Hauptreihe eines Sternhaufens, der wegen seiner großen Entfernung der Parallaxenmethode nicht mehr zugänglich ist, von ihrer durch Verrötung und Absorption in Farbe und Helligkeit verursachten Verschiebung im HR-Diagramm zu befreien, trägt man einerseits die Hyaden mit ihren absoluten Größen, andrerseits die Sterne des Haufens mit ihren scheinbaren Größen in ein und dasselbe HR-Diagramm ein. Die Hauptreihe des Sternhaufens liegt dann rechts unterhalb der Hauptreihe der Hyaden. Die Verschiebung setzt sich aus zwei Schritten zusammen, zum ersten aus einer Verschiebung in die Verfärbungsrichtung der Abbildung 2.6 und zum zweiten aus einer vertikalen Verschiebung, die von dem Entfernungsunterschied Hyaden–Sternhaufen herrührt. Die letztere entspricht dem Unterschied zwischen M und m für den Sternhaufen. Damit folgt aus der Gleichung (2.5) die Entfernung.

3. Räumlicher Aufbau und Bewegung

Die im letzten Kapitel besprochene Entfernungsbestimmung von den Parallaxen über die Hyaden zu anderen Sternhaufen und zu hellen Standardkerzen hat die weiter unten zu besprechende Struktur des Milchstraßensystems erkennen lassen. Doch schon vorher hatte man eine ungefähre Vorstellung davon.

3.1 Die Verteilung der Sterne am Himmel

Das Band der Milchstraße erstreckt sich längs eines Großkreises über die Nord- und Südhalbkugel. Die hellsten Sterne sind recht gleichförmig über den Himmel verteilt. Selbst die etwa 5000 mit freiem Auge sichtbaren Sterne zeigen nur eine schwache Konzentration zur Milchstraße. Wenn man aber die Hunderte von Millionen von Sternen betrachtet, die heller als 19^m sind, so findet man im Band der Milchstraße etwa zehnmal so viel wie außerhalb. Wenn man als grobe Annahme voraussetzt, daß die Sterne etwa gleiche absolute Größe besitzen, so folgt: Die entferntesten sind in der Milchstraße konzentriert, die nahen nicht. Wie in der Abbildung 3.1 dargestellt ist, paßt das gut zu dem in Kapitel 1 erwähnten Wrightschen Bild einer von Sternen ausgefüllten Schicht.

Der Astronom Friedrich Wilhelm Herschel bestimmte in der Mitte des 19. Jahrhunderts aus der Annahme, daß Sterne von gleicher absoluter Helligkeit sind, die Struktur des Milchstra-

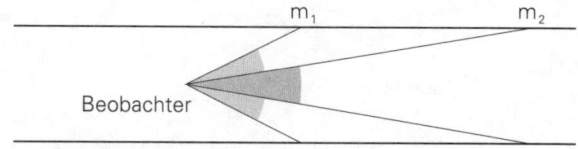

Abb. 3.1: Befindet sich ein Beobachter in einer mit Sternen gleicher absoluter Größe gleichförmig ausgefüllten Schicht, so sieht er entferntere Sterne (scheinbare Größe m_2) in einem schmaleren Band (dunkelgrauer Winkelbereich) als die helleren nahen (scheinbare Größe m_1, hellgrauer Winkelbereich).

ßensystems. Er kam zu dem Schluß, daß die Sonne im Zentrum eines flachen, von Sternen ausgefüllten Raumgebietes steht. Sein Versuch, die räumliche Struktur auf diese Weise genauer zu ermitteln, mußte aber scheitern, da die Sterne zum einen nicht eine einheitliche absolute Größe besitzen und da zum anderen Licht absorbierender Staub die scheinbaren Größen der dahinterstehenden Sterne beeinflußt und deren so ermittelte Entfernungen verfälscht.

3.2 Scheibe und Halo

Die wahre Struktur erkannte man erst etwa zur Zeit des Ersten Weltkrieges, als Harlow Shapley die RR-Lyrae-Sterne untersuchte, die es nicht nur in Kugelsternhaufen, sondern auch einzeln in nicht zu großer Entfernung von der Sonne gibt. Er wußte schon, daß sie alle etwa die gleiche absolute Helligkeit besitzen und als Standardkerzen dienen können. Mit den in Kugelsternhaufen beobachtbaren RR-Lyrae-Sternen bestimmte er deren Entfernung und fand, daß sie einen Bereich ausfüllen, der die Scheibe der Milchstraßensterne einhüllt, den Halo. Zur Mitte dieses Gebietes hin stehen die Kugelsternhaufen dicht.

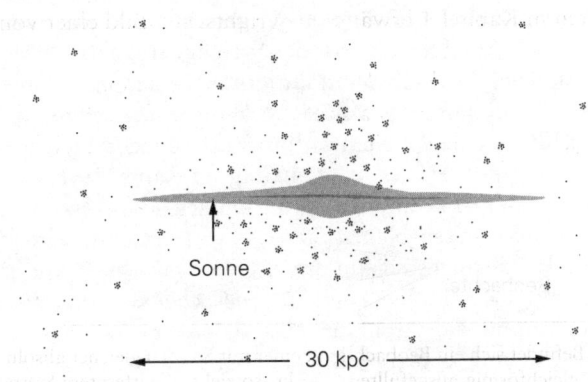

Abb. 3.2: Schematische Seitenansicht der Galaxis. Die (graue) Scheibe von Sternen und Interstellarer Materie ist von einem Halo aus Sternen (kleine Punkte) und Kugelsternhaufen (dicke Punkte) umgeben.

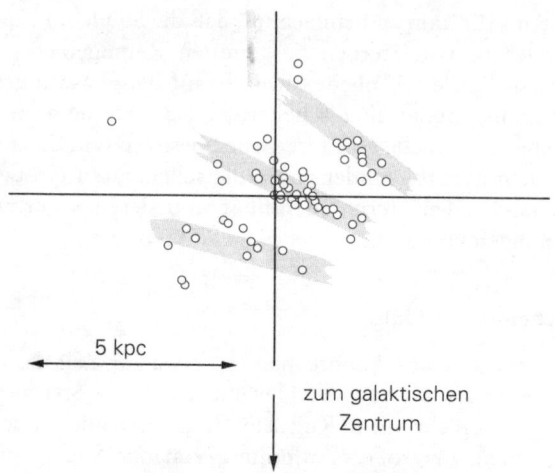

5 kpc

zum galaktischen
Zentrum

Abb. 3.3: Die jungen Sterne in der Sonnenumgebung gruppieren sich in der
Scheibe zu mehreren voneinander getrennten Bändern. Der Ursprung des
Koordinatensystems gibt den Ort der Sonne an.

Diese Mitte liegt aber nicht in der Nachbarschaft der Sonne,
sondern etwa 8,5 kpc entfernt in Richtung des Sternbildes Sagittarius. Dort ist die Milchstraße auch besonders hell. Shapley
vermutete daher, daß sich dort das Zentrum der Milchstraße
befindet. In der Abbildung 3.2 ist das System der Galaxis schematisch mit den heute bekannten Entfernungen gezeigt.

Bis zu einer Entfernung von 5 pc kennen wir heute einschließlich der Sonne 62 Sterne. Ihre Entfernungen sind aus
Parallaxen bekannt. Sie scheinen zufällig im Raum verteilt zu
sein. Bei größeren Entfernungen von einigen kpc zeigt sich,
daß die leuchtkräftigen blauen Sterne – in Kapitel 4 werden
wir sehen, daß sie jung sind – in drei „Reihen" liegen, so wie es
in der Abbildung 3.3 angedeutet ist. Die Scheibe besitzt also
eine Unterstruktur, die darauf hinweist, daß es bevorzugte Orte
der Sternentstehung geben muß. Die länglichen Strukturen erinnern bereits an Arme von Spiralgalaxien.

Man nennt die Sterne des Halos auch Sterne der *Population
II*, die der Scheibe solche der *Population I*. Wie wir später se-

hen werden, hängt die Verteilung mit der Vergangenheit der Galaxis zusammen. Junge Sterne stehen in der Scheibe, alte im Halo. Die Sterne der beiden Populationen unterscheiden sich auch chemisch voneinander (vgl. Kapitel 8). Es ist heute noch unklar, ob es einen fließenden Übergang zwischen diesen Sternarten gibt. Die Sterne der Population I bilden keine homogene Gruppe. Das zeigt sich, wenn man den mittleren Abstand bestimmter Objekte von der Mittelebene der Scheibe bestimmt. Helle, blaue Hauptreihensterne sind durchschnittlich nur 50 pc von ihr entfernt. Da der Durchmesser der Scheibe in kpc gemessen wird, halten sie sich also relativ nahe der Mittelebene auf. Auch die Delta-Cephei-Sterne findet man in diesem Bereich. Weiße Zwergsterne, von denen noch in Kapitel 4 die Rede sein wird, sind im Mittel 270 pc entfernt, liegen also zum Teil im Halo.

Die Kugelsternhaufen mit 3000 pc durchschnittlicher Entfernung von der Mittelebene sind eindeutige Haloobjekte, genau so wie die RR-Lyrae-Sterne, die außerhalb von Kugelsternhaufen stehen, mit 2000 pc mittlerer Entfernung. Da der Raumbereich des Halos auch den der Scheibe einschließt, findet man natürlich auch *in* der Scheibe Haloobjekte.

3.3 Bewegungen

Die Objekte der Abbildung 3.2 können nicht in Ruhe sein. Die wechselseitige Anziehung müßte sie zur Mitte stürzen lassen. Sie sind in ständiger Bewegung, Radialgeschwindigkeit und Eigenbewegung bestätigen das. Zum einen bewegen sich die Sterne regellos, wie Mücken in einem Schwarm. Man spricht von der *Pekuliarbewegung* der Sterne. Darüber hinaus ist dem eine regelmäßige Bewegung überlagert, so als flöge der Mückenschwarm als Ganzes von einem Ort zum anderen.

3.3.1 Pekuliargeschwindigkeiten

Regellose Bewegungen zeichnen sich dadurch aus, daß es bei ihnen keine Vorzugsrichtung gibt, die mittlere Geschwindigkeit ist also null. Nicht nur die Sterne der Sonnenumgebung bewe-

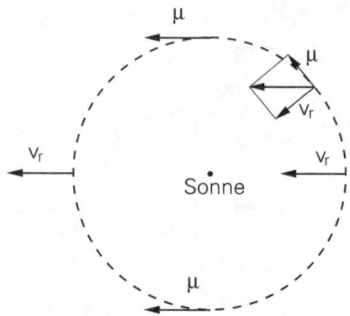

Abb. 3.4: Die gemessenen Radialgeschwindigkeiten und Eigenbewegungen (v_r, μ) der Nachbarsterne der Sonne erwecken den Eindruck, als ob aus einer bestimmten Richtung (im Bild rechts) die Sterne im Mittel auf uns zukommen, in der Gegenrichtung aber sich von uns wegbewegen. In den Richtungen senkrecht dazu (im Bild oben und unten) zeigen die Sterne vornehmlich eine Eigenbewegung μ in eine einheitliche Richtung (im Bild nach links).

gen sich so, die Sonne selbst steht auch nicht still. Das erkennt man, wenn man die mittleren Eigenbewegungen und Radialgeschwindigkeiten der Sterne in verschiedenen Himmelsrichtungen bestimmt. In Richtung des Sternbildes Herkules sind die Radialgeschwindigkeiten der Sterne im Mittel auf uns zu gerichtet, in der Gegenrichtung von uns weg. Die Eigenbewegungen dagegen sind in diesen Richtungen im Mittel nahezu null. Demgegenüber sind quer zu dieser Richtung die mittleren Radialgeschwindigkeiten nahezu null, während die Eigenbewegungen dort besonders groß sind. Diese Erscheinung zeigt, daß sich die Sonne selbst im Mückenschwarm ihrer Nachbarsterne in Richtung des Sternbildes Herkules bewegt (vgl. Abb. 3.4). Den Zielpunkt nennt man den *Apex*. Die Geschwindigkeit der Sonne im Mückenschwarm, also ihre Pekuliarbewegung, beträgt etwa 20 km/s.

Zusätzlich zu ihrer regellosen Bewegung umkreisen die Sonne und ihre Nachbarsterne das galaktische Zentrum. Wie noch gezeigt wird, ist diese regelmäßige Umlaufgeschwindigkeit etwa zehnmal größer als die Pekuliargeschwindigkeit.

Abb. 3.5

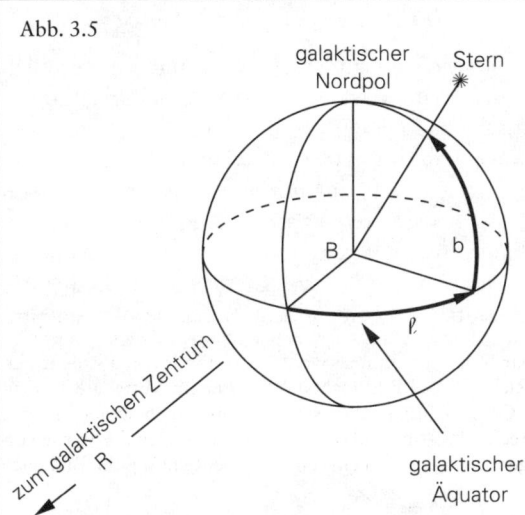

Galaktische Koordinaten

Die galaktischen Koordinaten, unter denen ein Beobachter einen Stern sieht, werden von der Richtung des galaktischen Zentrums aus entlang des galaktischen Äquators gemessen und von der Äquatorebene in Richtung der galaktischen Pole. Der Äquator liegt in der Mittelebene der Milchstraßenscheibe. Die *galaktische Länge ℓ* soll von der Stelle aus gezählt werden, in deren Richtung das Zentrum des Milchstraßensystems steht. Entsprechend der geographischen Breite auf der Erde gibt es in diesem System die *galaktische Breite b*, die man nach beiden Seiten des galaktischen Äquators in Richtung der galaktischen Pole zählt. In diesem System hat das Zentrum der Milchstraße die Koordinaten $\ell = 0°$ und $b = 0°$. Der Apex der Pekuliarbewegung der Sonne hat die Koordinaten $\ell = 55{,}2°$, $b = 22{,}8°$. In galaktischen Längenbereichen zwischen 0° und 90° (1. Quadrant) sowie zwischen 270° und 360° (4. Quadrant) blicken wir in den „inneren Bereich" der Scheibe. Da die Erdachse zur galaktischen Ebene geneigt ist, liegt der erste Quadrant der galaktischen Scheibe mit Längen im Bereich $\ell = 0°$ bis 90° auf der Nordseite, der vierte Quadrant mit $\ell = 270°$ bis 360° auf der Südseite der Erdhalbkugel. Dementsprechend werden wir später auch von der „nördlichen" und der „südlichen" Seite der galaktischen Scheibe sprechen.

3.3.2 Die differentielle Rotation der galaktischen Scheibe

Betrachten wir nun die Bewegung der Sterne in der unmittelbaren Umgebung der Sonne längs des Äquators in Abhängigkeit von der galaktischen Länge. Wenn man von den gemessenen Bewegungen die Pekuliarbewegung der Sonne abzieht, erhält man die Bewegungen relativ zur mittleren Bewegung unserer Nachbarsterne. Längs des galaktischen Äquators zeigen sowohl die Radialgeschwindigkeiten wie auch die Eigenbewegungen je eine Doppelwelle, so wie sie in der Abbildung 3.6 dargestellt sind. Dabei sind die beiden Wellen um 45° galaktischer Länge gegeneinander verschoben. Ist die Radialgeschwindigkeit bei den galaktischen Längen $\ell = 0°, 90°, 180°$

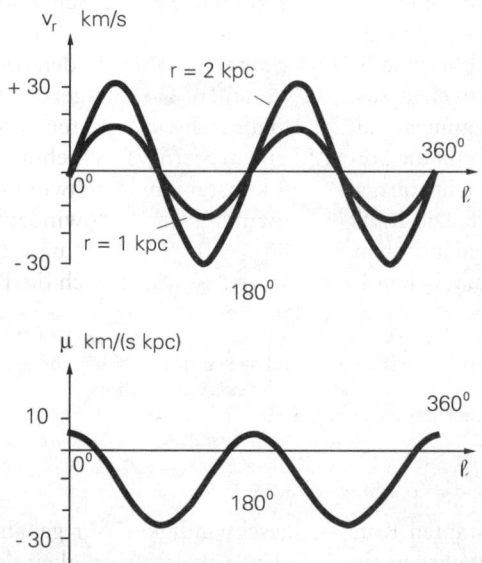

Abb. 3.6: Radialgeschwindigkeit (oben) und Eigenbewegung (unten) der Sterne der Sonnenumgebung in Abhängigkeit von der galaktischen Länge ℓ. Die Radialgeschwindigkeit ist oben für zwei mittlere Entfernungen dargestellt. Die Eigenbewegungen sind entfernungsunabhängig. Die Vorzeichen sind so festgelegt, daß positives v_r eine Bewegung vom Beobachter weg bezeichnet, positives μ Bewegung in Richtung steigender galaktischer Länge.

und 270° im Mittel null, so hat die Eigenbewegung dort ein Extremum. Man beachte aber, daß wir hier nur Sterne betrachten, die nahe der Sonne stehen. Damit haben wir nur einen Ausschnitt aus der galaktischen Scheibe im Visier. Wir können damit nicht einmal Aussagen über Sterne machen, die sich zwar im gleichen Zentrumsabstand wie die Sonne bewegen, die aber vom galaktischen Zentrum aus betrachtet in einer anderen Richtung der Scheibe stehen.

Die Doppelwellen sind Hinweise dafür, daß die Scheibe unseres Milchstraßensystems im Mittel nicht in Ruhe ist, daß sie aber auch nicht wie ein starrer Körper rotiert, sondern *differentiell*. Wären wir nämlich in einer Scheibe, die, von der Pekuliarbewegung der Sterne abgesehen, starr rotieren würde, so müßten die beobachteten mittleren Radialgeschwindigkeiten nach allen Richtungen hin null sein.

In der Abbildung 3.7 ist erläutert, wie die beiden beobachteten Doppelwellen zustande kommen. Dort ist gezeigt, wie uns Eigenbewegungen und Radialgeschwindigkeiten erscheinen würden, wenn die Sonne zu einem Sternsystem gehören würde, das zwar nicht starr, aber mit konstantem Geschwindigkeitsbetrag rotiert. Die Radialgeschwindigkeit verschwindet in Richtung der galaktischen Längen $\ell = 0°, 90°, 180°$ und 270° und erreicht dazwischen Extremwerte, so wie es auch die Beobachtung zeigt (Abb. 3.6, oben). Die Eigenbewegung μ wird in diesem Beispiel in den Richtungen $\ell = 0°$ und 180° null, ansonsten ist sie überall negativ (die Eigenbewegungen werden in Richtung zunehmender Werte von ℓ gezählt). Der Vergleich mit der Abbildung 3.6 zeigt, daß μ dort zwar relativ kleine, aber, anders als erwartet, auch positive Werte annimmt. Das rührt daher, daß die der Abbildung 3.7 zugrundeliegende Annahme einer konstanten Rotationsgeschwindigkeit nur genähert richtig ist. In Wahrheit sinkt die Umlaufgeschwindigkeit der Sterne in der Sonnenumgebung nach außen ab. Für einen Beobachter, der in die Richtungen $\ell = 0°$ (bzw. 180°) blickt, eilen die Sterne etwas voraus (bzw. bleiben zurück), was in beiden Fällen eine positive Eigenbewegung bedeutet (worüber der Leser vielleicht etwas länger nachdenken muß). Sieht man von dieser Korrektur ab, läßt sich auch die beobachtete Doppelwelle der Eigenbewegung aus dem Schema der Abbildung 3.7 erklären. Man beachte, daß man allein aus der bloßen Betrachtung der Eigenbewegungs-Doppelwelle ablesen kann, daß in der Nähe der Sonne und relativ zu ihr die Geschwindigkeit der galaktischen Rotation der Sterne nach außen hin abnimmt.

Die beiden Doppelwellen der Abbildung 3.6 geben uns zusammen mit weiteren Beobachtungen einen ungefähren Über-

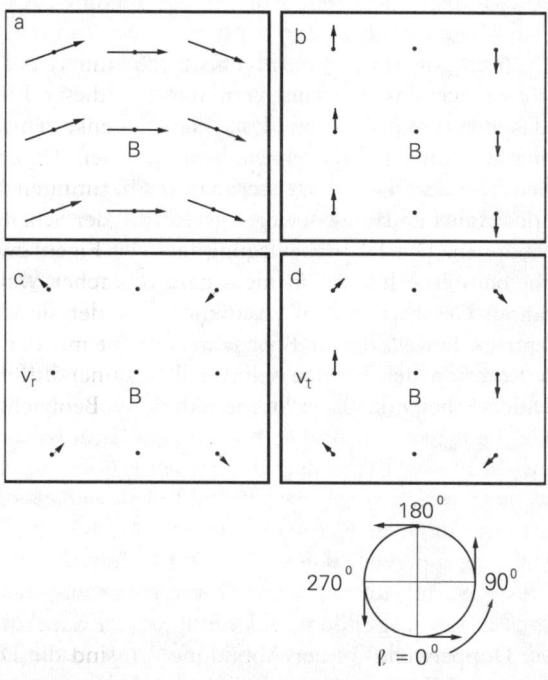

Abb. 3.7: Zerlegung einer nicht starren Rotation in Tangential- und Radialgeschwindigkeit. *a:* Das Geschwindigkeitsfeld. *b:* Geschwindigkeitsfeld relativ zum Beobachter B. *c:* Die vom Beobachter B gemessenen Radialgeschwindigkeiten. *d:* Die vom Beobachter B gemessenen Tangentialgeschwindigkeiten. In der Teilzeichnung darunter sind für verschiedene galaktische Längen die Richtungen positiver Eigenbewegungen durch kleine Pfeile angedeutet.

blick über die Bewegung der Sterne der Scheibe. Als erstes erkennen wir daraus sofort die wahre Richtung zum Zentrum der Milchstraße. Im Kasten auf S. 35 hatten wir den Nullpunkt der galaktischen Länge durch die Richtung zum Zentrum festgelegt. Doch wo ist das genau? Shapley hatte es in die Richtung gesetzt, in der die Kugelsternhaufen am dichtesten stehen. Aus den Überlegungen dieses Abschnittes erhalten wir eine neue Definition dieser Richtung, nämlich die galaktische Länge, in der die mittlere Radialgeschwindigkeit der Sterne verschwindet, während die Eigenbewegung ein Maximum hat (in Wahrheit gibt es zwei solche Orte: die Richtung zum Zentrum und die Gegenrichtung, doch nur eine weist in das Innere der Scheibe dort, wo wir das Zentrum vermuten). In dieser Richtung steht das Bewegungszentrum des Milchstraßensystems. Man hat innerhalb der Fehlergrenzen bisher keinen Unterschied zwischen dem durch die Kugelsternhaufen bestimmten Mittelpunkt des Halos und dem Bewegungszentrum der Scheibe feststellen können. Die Radialbewegung und die Eigenbewegung der Scheibensterne hängen in nicht ganz einfacher Weise mit der wahren Geschwindigkeit zusammen, mit der sie sich um das Zentrum bewegen. Der Beobachter nimmt mit der Sonne an der Rotation der Scheibe selbst teil. In einer differentiell rotierenden Scheibe besitzen Sterne nahe dem Beobachter unterschiedliche Geschwindigkeiten. Für kleine radiale Abstände kann man in erster Näherung annehmen, daß der Geschwindigkeitsunterschied zwischen zwei Punkten proportional zum radialen Abstand voneinander zunimmt. Wie aus der Abbildung 3.8 zu sehen ist, wächst die Radialgeschwindigkeit der Sterne entlang des Sehstrahls mit dem Abstand zum Beobachter an. Nur Sterne gleicher Entfernung liegen daher auf der *gleichen* Doppelwelle. In der Abbildung 3.6 sind die Doppelwellen für zwei Entfernungen gezeichnet.

Bei den Eigenbewegungen ist das anders. Der entferntere Stern bewegt sich relativ zum Beobachter rascher, gleichfalls wieder, weil er auf einer anderen Bahn um das Zentrum kreist. Auch hier ist die Relativbewegung genähert proportional zum Abstand. Wenn man jedoch statt der Tangentialgeschwindig-

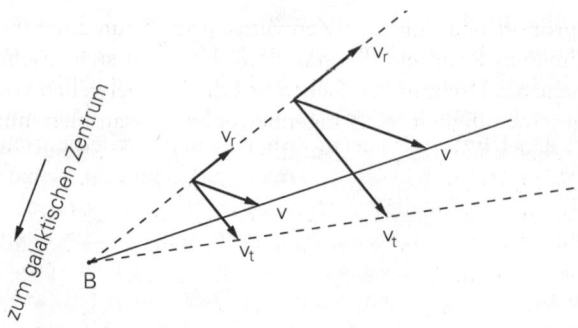

Abb. 3.8: In einer nicht starr rotierenden Scheibe sind in der Nachbarschaft des Beobachters B – das heißt für Entfernungen r, die klein sind zum Zentrumsabstand R – die Geschwindigkeiten v relativ zu ihm in guter Näherung proportional zur Entfernung r.

keit v_t (in km/s) die Eigenbewegung μ (in Bogensekunden pro Jahr) betrachtet, so wird diese nach der Gleichung 2.3 für Sterne gleicher galaktischer Länge unabhängig von der Entfernung.

Doch man kann noch mehr aus den Doppelwellen der Abbildung 3.6 lernen. Die von dem holländischen Astronomen Jan Hendrik Oort entwickelte Theorie der galaktischen Rotation gestattet es, aus den gemessenen Doppelwellen die Kinematik der galaktischen Scheibe abzuleiten. Er bestimmte die *Winkelgeschwindigkeit* der Sonne um das Zentrum zu $0,5''$ pro Jahrhundert. Sie benötigt also 250 Millionen Jahre, um die 360° eines Umlaufes zurückzulegen. Aus der Winkelgeschwindigkeit und dem Abstand vom Zentrum folgt eine Bahngeschwindigkeit von 220 km/s. Diesen Wert kann man auch direkt bestimmen, wenn man die Umlaufgeschwindigkeit des Sonnensystems relativ zu (nicht mitrotierenden) Objekten außerhalb der Galaxis mißt.

Aus der Oortschen Theorie läßt sich auch die Zunahme der Umlaufgeschwindigkeit in der Sonnenumgebung nach innen zu 5 km s^{-1}kpc^{-1} bestimmen. Man beachte, daß bei starrer Rotation, bei der die Winkelgeschwindigkeit für alle Punkte der Scheibe dieselbe ist, die Umlaufgeschwindigkeit nach außen proportional mit dem Zentrumsabstand zunähme (Punkte am äußeren Rand einer Schallplatte bewegen sich rascher als die nahe am Drehpunkt). Geben uns die Doppelwellen von Radialgeschwindigkeit und Eigenbewegung zusammen mit der Oortschen Theorie das Rotationsgesetz der Sterne in der Milchstraßenscheibe, deren Umlaufbahnen in der Nachbarschaft der Sonne liegen, so gestatten radioastronomische Messungen, das Rotationsgesetz auch von Bahnen zu bestimmen, die weit innerhalb der Sonnenbahn liegen (vgl. Abschnitt 5.4). Man bestimmt dabei nicht die Geschwindigkeit der Sterne, sondern die des interstellaren Gases, das mit den Sternen an der Rotation der Scheibe teilnimmt.

3.3.3 Die Bewegung im Halo

Unter den Sternen, deren Eigenbewegung und Radialgeschwindigkeit man gemessen hat, gibt es mehrere hundert, die von der Bewegung der anderen merklich abweichen. Ihre Geschwindigkeit relativ zur Sonne beträgt mehr als 100 km/s. Deshalb nennt man diese Klasse von Sternen auch *Schnelläufer*. Dabei weisen sie eine einheitliche Vorzugsrichtung auf, die der Rotationsbewegung in der Scheibe entgegengesetzt gerichtet ist. Das bedeutet, daß diese Sterne für einen Beobachter von außen langsamer umlaufen als das Gros der Scheibensterne. Sie bleiben also hinter der Rotation der Scheibe zurück, im Mittel mit

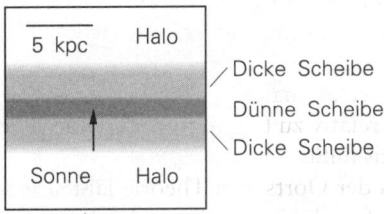

Abb. 3.9: Die Dünne Scheibe, in der die Sonne steht, ist in die Dicke Scheibe eingebettet, die wiederum vom Halo umgeben wird. Von 1000 Sternen in der Nachbarschaft der Sonne gehören im Mittel 989 der Dünnen Scheibe an, 10 der Dicken Scheibe und einer dem Halo.

einer Geschwindigkeit von 220 km/s. Dies entspricht dem Betrage nach der Umlaufgeschwindigkeit der Sonne, doch die Richtung ist entgegengesetzt. Im Mittel nehmen also die Schnelläufer an der Rotation um das Zentrum nicht oder fast nicht teil. Doch sie ruhen nicht, im Gegenteil, ihre individuellen Geschwindigkeiten sind von der Größe der Rotationsgeschwindigkeiten in der Scheibe, sie fliegen aber ungeordnet nach allen Richtungen. Nichts hält sie in der Scheibenebene, sie sind Halosterne.

Die scharfe Einteilung in Scheiben- und Haloobjekte, also in Objekte der Populationen I und II, ist möglicherweise eine zu starke Vereinfachung des wahren Sachverhaltes. So spricht man zum Beispiel von einer mittleren Population II, deren Objekte sich im Mittel bis nur etwa 2 kpc von der Scheibe entfernen können. Oft nennt man sie die Population der *Dicken Scheibe* (vgl. Abb. 3.9). Anders als Haloobjekte rotieren sie in ihrer Gesamtheit um das Zentrum, wenn auch langsamer als die Scheibenobjekte.

Wenn man die Bewegung der Sterne in der weiteren Sonnenumgebung betrachtet, so fällt auf, daß es zwar Sterne gibt, die deutlich langsamer umlaufen, die also zum Halo gehören und nur zufällig in der Scheibe stehen. Man findet aber keine Sterne, die der Sonne merklich, das heißt mit mehr als 100 km/s, *voraus*eilen.

4. Der Lebenslauf der Sterne

In groben Zügen wissen wir heute, wie er abläuft. Zum einen haben die Sternhaufen, deren Sterne offensichtlich nahezu gleichzeitig entstanden sind, geholfen, die Veränderungen zu erkennen, die ein Stern erleidet, wenn er altert. Zum anderen haben theoretische Überlegungen gezeigt, daß die Energie, welche die Sterne als Licht und Wärme in den Raum strahlen, letztlich *Kernenergie* ist, die bei verschiedenen Kernfusionsprozessen, vor allem bei der Umwandlung von Wasserstoff in Helium, frei wird. Mit der Entwicklung moderner Computer gelang es, die Lebensgeschichten der Sterne im Rechner zu simulieren und die Ergebnisse mit beobachteten Sternen zu vergleichen.

4.1 Wie die Sterne entstehen

Der Raum zwischen den Sternen ist von der Interstellaren Materie erfüllt, wir werden im nächsten Kapitel näher auf sie eingehen. Sie füllt den Raum nicht gleichmäßig, sondern formt einmal dichtere Wolken, während sie an anderen Stellen dünner verteilt ist. Wir wissen heute, daß sich Sterne nur in den dunklen, massereichen Molekülwolken bilden können. Diese kühlen, dichten Gebiete aus molekularem Wasserstoff H_2 und Staub verschlucken das Licht der hinter und in ihnen liegenden Sterne und erscheinen daher wie dunkle Löcher im Band der Milchstraße. Aus diesem Grund ist es auch nicht möglich, die Geburt eines Sterns direkt zu beobachten. Das Licht, das durch den Sternentstehungsprozeß in der Wolke freigesetzt wird, kann diese nicht durchdringen. Wir sehen erst wieder die Spätphasen der Sternentstehung, wenn die noch jungen *Protosterne* im infraroten Wellenlängenbereich strahlen, in dem selbst die dichten Wolken durchsichtig werden. Aufgrund der fehlenden Beobachtungen ist es bis heute nicht gelungen, ein detailliertes Modell der Sternentstehung zu entwickeln, aber grob betrachtet geht sie etwa so vor sich:

Die eigene Schwerkraft möchte die Gaswolke verdichten. Dem wirkt der innere Druck des Gases entgegen. Wird ein Teil der Wolke durch eine zufällige Störung etwas zusammengedrückt, so steigt der Druck an und sorgt dafür, daß die Kompression wieder rückgängig gemacht wird. Das ist zum Beispiel schon der Fall, wenn wir einen Luftballon kurzzeitig zusammendrücken. Bei ihm spielt die Schwerkraft, mit der sich die Gasteilchen gegenseitig anziehen, keine Rolle. Das wird jedoch anders, wenn man zu großen Gasmassen übergeht. Bei ihnen muß man die eigene Schwerkraft des betrachteten Gases mit berücksichtigen. Bei der Kompression wächst nicht nur der Druck; auch die Eigen-Schwerkraft, die das Gas weiter komprimieren will, steigt an. Wer gewinnt nun bei einer Kompression: der Druck, der sie rückgängig machen, oder die Schwerkraft, die sie verstärken will? Die Antwort hat der englische Astrophysiker James Jeans um 1902 gegeben: Bei Gasen der Temperatur um 100 K und einer Dichte von einem Wasserstoffatom pro Kubikzentimeter werden zum Beispiel Bereiche von mehr als hunderttausend Sonnenmassen gravitativ instabil. Je höher die Dichte und je niedriger die Temperatur, um so kleiner die kritische Masse, bei der sich Gaswolken nicht mehr im Gleichgewicht halten können. Sie fallen in sich zusammen, wenn sie gestört werden, weil der Druck die während des Kollaps stärker ansteigende Schwerkraft nicht kompensieren kann. Nur genügend große interstellare Wolken können also in sich zusammenstürzen. Bei den Molekülwolken mit Temperaturen von 10 K und einer Dichte von einigen 10 000 Wasserstoffmolekülen pro Kubikzentimeter liegt die kritische Masse bei 15 Sonnenmassen.

Die Bildung von Sternen scheint aber komplizierter zu sein, als es die Jeansschen Überlegungen erwarten lassen. Es gibt Molekülwolken mit Massen von mehr als einer Million Sonnenmassen. Diese Objekte sollten nach Jeans in sich zusammenfallen und in einigen wenigen Millionen Jahren in Sterne kondensiert sein, die das umgebende Gas aufheizen und den Rest der Wolke vollständig zerstören. Das wird aber nicht beobachtet. Vielmehr scheint die wirkliche Lebensdauer im

Bereich von 100 Millionen Jahren zu liegen. Obwohl in der Wolke gelegentlich Sterne entstehen, so scheint sie als Ganzes trotzdem stabil zu sein. Zwar zeigen die Riesenwolken eine klumpige Unterstruktur, die man als Folge eines Kondensationsprozesses deuten könnte. Doch diese sehr dichten Klumpen von einer bis 1000 Sonnenmassen sind erstaunlich stabil und scheinen nur widerstrebend Sterne bilden zu wollen. Daß die Gesamtwolke nicht kollabiert, liegt wohl daran, daß sich die kleineren Verdichtungen in ihr mit Geschwindigkeiten von etwa 10 km/s gegeneinander bewegen. Wie die Bewegung der Moleküle eines Gases behindert auch die Bewegung dieser Unterstrukturen den Kollaps der gesamten Wolke. Dieser stabilisierende, turbulente Druck im Inneren der Wolke ist im Jeansschen Kriterium nicht berücksichtigt.

Selbst wenn Gaswolken durch ihre turbulente interne Bewegung momentan stabilisiert werden, so erwartet man doch, daß die Klumpen durch Stöße miteinander in weniger als einer Million Jahre so viel Bewegungsenergie verlieren, daß der Wolkenkomplex wieder gravitativ instabil wird. Es stellt sich außerdem die Frage, warum die einzelnen Klumpen selbst stabil sind und nicht in Sterne kondensieren. Hier kommt das galaktische Magnetfeld ins Spiel.

Die Interstellare Materie wird von den hochenergetischen Teilchen der allgegenwärtigen *kosmischen Strahlung* durchsetzt. Atomen und Molekülen werden von ihr Elektronen abge-

---

Kosmische Strahlung

Aus dem Weltall treffen Teilchen, hauptsächlich Protonen, mit unglaublich hohen Energien auf die Erdatmosphäre. Teilchen bis zu 10^{20} eV[1], energiereicher als die großen Teilchenbeschleuniger liefern, hat man gemessen. Wahrscheinlich stammt ihre Energie von Supernova-Ausbrüchen und von Neutronensternen, die danach übrigbleiben und die Energie an das Interstellare Medium liefern. Dort werden die Gasteilchen beschleunigt.

---

[1] Das Elektronenvolt (eV) ist ein Maß für die Energie eines Teilchens. 1 Joule = $6,2 \times 10^{18}$ eV.

schlagen. Es entsteht ein Gemisch aus freien Elektronen und positiven Ionen wie in einem metallischen Leiter. Dementsprechend ist solch ein ionisiertes Gas, man spricht von einem *Plasma*, elektrisch leitend. Magnetfelder üben auf elektrische Ströme Kraftwirkungen aus, wie der Elektromotor zeigt. Außerdem sind Magnetfeld und leitende Materie aneinander gekoppelt. Sind die Magnetfelder schwach, müssen sie sich mit der Materie bewegen, sind sie stark, zwingen sie der Materie ihre Bewegung auf. Magnetfelder wirken in einem turbulenten Medium wie ein Druck, der wie der Gasdruck jeder Kompression entgegenwirkt. So können die Magnetfelder einzelne Verdichtungen in den Molekülwolken am Zusammenstürzen hindern. Treffen zwei Klumpen aufeinander, so nimmt der magnetische Druck an der Kontaktfläche zu und treibt sie wieder auseinander, wie elastische Bälle. Dank der Magnetfelder wird dabei nur wenig Bewegungsenergie vernichtet. Die Klumpen verlieren daher nur sehr langsam ihre kinetische Energie, und das turbulente Geschwindigkeitsfeld, das die gesamte Wolke stabilisiert, kann lange bestehen bleiben.

Diese Erklärung der Stabilität von Molekülwolken und ihrer Verdichtungen wirft allerdings neue Fragen auf. Kosmische Strahlung entsteht nach unseren gegenwärtigen Vorstellungen bei sogenannten Supernova-Explosionen (vgl. S. 54) am Ende des Lebens der Sterne oder geht von den danach übrigbleibenden Körpern wie Neutronensternen oder Schwarzen Löchern aus, von denen noch die Rede sein wird. In der frühesten Phase unserer Galaxis konnte es also kaum kosmische Strahlung gegeben haben. Waren damals die Wolken instabil? Welchen Einfluß hatte das auf die Physik der Sternentstehung?

Fast könnte man glauben, daß heutzutage wegen der Magnetfelder überhaupt keine Sterne mehr entstehen können. In Wahrheit sind jedoch nur wenige Atome und Moleküle in den Wolken ionisiert. Nur sie sind an das Magnetfeld gekoppelt, die neutralen Teilchen bleiben davon unbeeinflußt. Sie können relativ zum ionisierten Gas in das Innere eines Gasklumpens driften. Die Dichte steigt im Zentrum an, wo schließlich doch die Gravitation das Übergewicht gewinnt. Dort entsteht dann

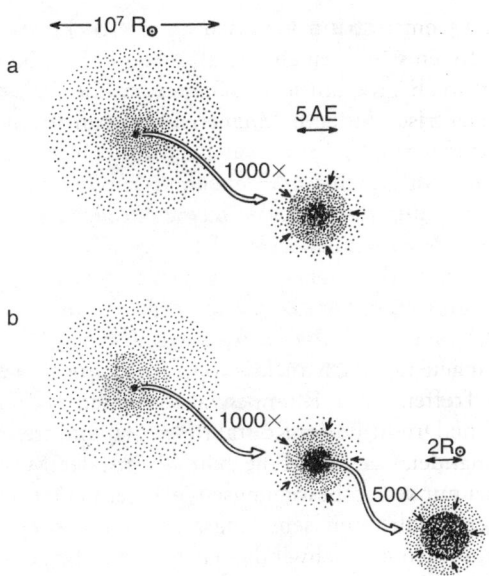

Abb. 4.1: Im Inneren einer Wolke interstellaren Gases fällt der Kern, etwa von der Masse der Sonne, in sich zusammen. *a*: Etwa 500 000 Jahre nach dem Beginn des Vorganges entsteht im Inneren der Wolke ein heißer Kern, der vorerst nicht weiter in sich zusammenfällt. Er ist in der Zeichnung vergrößert herausgezeichnet. Seine Dichte ist 10millionenmal so groß wie die der ursprünglichen Wolke. *b*: Danach fällt der Kern noch einmal in sich zusammen und bildet einen neuen Kern, der (in der Abbildung zweimal herausvergrößert) schon etwa die Größe der Sonne hat. Auf ihn wird im Laufe der nächsten zehn Millionen Jahre der Rest der Wolke herabregnen.

ein Protostern, dessen weiteres Schicksal wir nun beschreiben wollen.

Im Inneren des kollabierenden Kerns eines kondensierenden Klumpens steigen Temperatur und Gasdichte so lange an, bis der Druck den Kollaps stoppt. Es entsteht ein neuer Kern, bei dem sich Druck und Schwerkraft das Gleichgewicht halten und auf den weiter Materie herunterregnet (vgl. Abb. 4.1). Die Masse des Kerns liegt im Bereich von Sternmassen. Auch sein Durchmesser entspricht ungefähr dem eines Sterns. Die Temperatur in seinem Zentrum ist auf etwa 100 000 K angewachsen.

Dieser heiße Protostern strahlt Energie in den Raum ab. Seinen Energieverlust deckt er durch weitere Verdichtung, bei der Gravitationsenergie frei wird. Gaskugeln dieser Art haben die Eigenschaft, daß sie ihre Abstrahlung bei der Kontraktion überkompensieren. Der Protostern gewinnt nicht nur die abgestrahlte Energie zurück, er erhitzt sich sogar.

Bei etwa 10^7 K stoßen die infolge ihrer Wärmebewegung rasch umherschwirrenden Kerne der Wasserstoffatome immer heftiger aufeinander, so daß sie trotz der abstoßenden Wirkung ihrer positiven elektrischen Ladungen miteinander verschmelzen können und über einige Zwischenstufen zu Heliumatomen werden. Dabei wird Fusionsenergie frei. Sie wird für die längste Zeit seines Lebens die Energiequelle des Sterns sein. Aus dem Protostern der ursprünglichen Wolke ist ein Stern entstanden, in dessen Innerem Kernenergie frei wird.

4.2 Die Sterne der Hauptreihe

Wenn man die Kontraktion von Protosternen verschiedener Masse auf dem Computer nachspielt, so zeigt sich, daß sie beim Beginn der Fusion des Wasserstoffs im HR-Diagramm (vgl. Abschnitt 2.3.2) genau auf der Hauptreihe liegen. Die Sterne höherer Masse stehen weiter oben, also bei größeren Leuchtkräften, die niedrigerer Masse unten. Genau diese Eigenschaft zeigen auch die beobachteten Hauptreihensterne. Auch sie genügen der sogenannten *Masse-Leuchtkraft-Beziehung* (vgl. Abb. 4.2). Damit haben wir gleichzeitig aber eine wichtige Erkenntnis gewonnen: Die Hauptreihensterne sind die Sterne, die ihre abgestrahlte Energie durch die Fusion des Wasserstoffs in ihrem Inneren decken.

Die Computermodelle zeigen, wo die Energie frei wird und wie sie nach außen transportiert wird. In der Abbildung 4.3 ist das für einen Stern mit siebenfacher Sonnenmasse schematisch gezeigt. Dort wird die Energie aus dem Zentralgebiet durch Wärmebewegung, sogenannte *Konvektion*, nach außen ge-

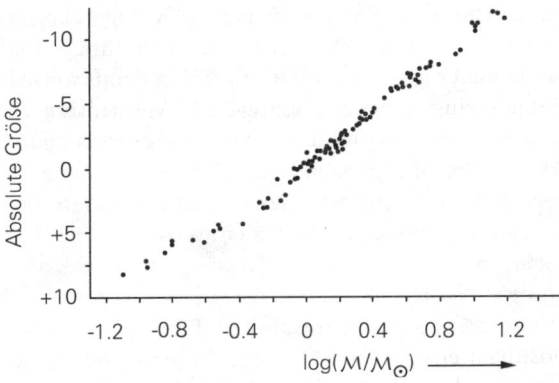

Abb. 4.2: Die Masse-Leuchtkraft-Beziehung für Hauptreihensterne. Je größer die Masse (angegeben in Einheiten der Sonnenmasse $\mathcal{M}_{\odot}$), um so größer die Helligkeit (niedrigerer Zahlenwert für die absolute Größe).

bracht und in den äußeren Bereichen durch Strahlung zur Oberfläche transportiert. Bei Sternen im Bereich der Masse der Sonne ist es umgekehrt. Bei ihnen wird die Energie innen durch Strahlung transportiert, außen dagegen durch Konvektion.

Jetzt wird auch verständlich, warum die meisten der beobachteten Sterne (etwa 90%) Hauptreihensterne sind. Die Fusionsenergie des Wasserstoffs ist eine so ergiebige Energiequelle, daß der Stern den größten Teil seines Lebens in dieser Phase verbringt. Mit ihrem Wasserstoff kann die Sonne ihre Leuchtkraft über nahezu 10 Milliarden Jahre decken. Erst dann erschöpft sich ihr nuklearer Energievorrat. Doch das ist nicht für alle Sterne so. Je massereicher ein Stern ist, um so weiter oben steht er auf der Hauptreihe, um so größer ist seine Strahlungsleistung. Sie steigt mit der Masse $\mathcal{M}$ angenähert wie $\mathcal{M}^3$. Da aber die in seiner Masse gespeicherte nukleare Energie nur proportional mit der Masse wächst, folgt, daß die „Betriebszeit" des Kernreaktors mit der Masse wie $1/\mathcal{M}^2$ abfällt. Je größer die Masse, um so kürzer die Betriebszeit.

Im Sternbild Orion findet man helle, blaue Sterne, die im HR-Diagramm links oben stehen, also am oberen Ende der Hauptreihe bei den größeren Massen. Schätzt man ab, wie lange sie von der Fusion ihres Wasserstoffs leben können, so kommt man auf wenige Millionen Jahre, eine für die Entwicklung des Lebens auf der Erde kurze Zeit. Überall, wo man solche hellen, blauen Hauptreihensterne findet, müssen erst vor kurzem Sterne entstanden sein, ja vielleicht entstehen heute dort noch Sterne. Tatsächlich findet man solche jungen Sterne immer in größeren Gruppen, die noch in verdichtete Interstellare Materie eingebettet sind – ein Hinweis, daß Sterne in größeren Würfen aus Interstellarer Materie geboren werden. Man findet dort auch die Protosterne, die sich noch nicht durch ihre sichtbare Strahlung verraten, sondern durch infrarote und Radiostrahlung.

4.3 Der Wasserstoff erschöpft sich

Wenn sich der Wasserstoffvorrat im Zentrum erschöpft, bildet sich dort eine dichte Kugel, die hauptsächlich aus dem während der Lebenszeit des Sterns entstandenen Helium besteht. Gleichzeitig gehen im ganzen Stern starke Veränderungen vor sich. Während sich die Dichte im Kern langsam erhöht, dehnen sich die Außenschichten aus, und die Oberflächentemperatur nimmt ab. Trägt man den sich so verändernden Stern in das HR-Diagramm ein, so zeigt sich, daß sich Leuchtkraft und Oberflächentemperatur so verändern, daß der Stern im Diagramm von der Hauptreihe nach rechts oder rechts oben wandert, er wird zum Roten Riesen. Die Abbildung 4.4 zeigt mehrere solcher „Entwicklungswege" im HR-Diagramm von der Hauptreihe in das Gebiet der Roten Riesen. Wenn die Sonne in mehreren Milliarden Jahren ein Roter Riese wird, wächst ihr Durchmesser so weit an, daß sie die inneren Planeten Merkur und Venus in sich aufnehmen und mit ihrer Oberfläche der Erde gefährlich nahe kommen wird.

Diese auf dem Computer nachvollziehbaren Vorgänge werden durch die Beobachtungen von Sternhaufen bestätigt. Wenn eine Gruppe von Sternen verschiedener Masse gleichzeitig entsteht, decken ihre Mitglieder nach einiger Zeit als Hauptreihensterne ihre Abstrahlung durch die Fusion des Wasserstoffs.

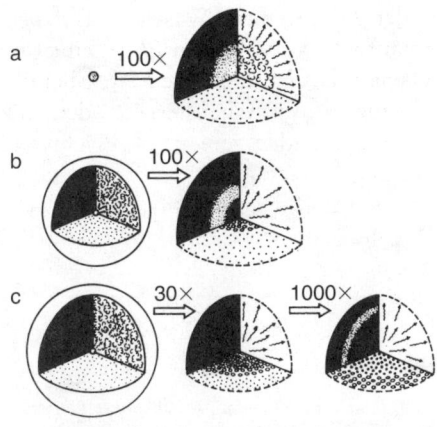

Abb. 4.3: Der innere Aufbau eines Sterns vom Siebenfachen der Masse der Sonne während mehrerer Entwicklungsstadien. Links ist jeweils der Stern in einheitlichem Maßstab gezeichnet, rechts sind die Zentralgebiete jeweils vergrößert herausgezeichnet. Der linke obere Sektor zeigt, wo im Stern Kernenergie (helle Bereiche) frei wird, der untere zeigt die chemische Zusammensetzung (kleine Punkte: ursprüngliche, wasserstoffreiche Mischung; offene Kreise: Helium; schwarz gefüllte Kreise: kohlenstoffreiche Mischung). Der rechte obere Sektor deutet an, wie die Energie nach außen transportiert wird (wolkige Gebiete: Konvektion, also Energietransport durch bewegte Materie, gewellte Pfeile: Energietransport durch Strahlung). – a: Der Stern unmittelbar nach seiner Entstehung, b: etwa 27 Millionen Jahre später. Der Wasserstoff im Zentrum ist restlos in Helium übergegangen, die Energieerzeugung findet nicht mehr im Zentrum, sondern in einer Schale an der Oberfläche der zentralen Heliumkugel statt. Wie man am linken Bild durch Vergleich zum Bild darüber sieht, hat sich der Stern inzwischen zu einem Riesenstern aufgebläht. c: 36 Millionen Jahre nach seiner Entstehung ist der Stern immer noch ein Riese. Seine Wasserstoff-brennende Schale ist vorübergehend ausgegangen. Der Stern lebt im Augenblick allein von der Fusion des Heliums an der Oberfläche einer hauptsächlich aus Kohlenstoff bestehenden Zentralkugel, in deren Zentrum in Kürze das nukleare Brennen des Kohlenstoffs zu höheren chemischen Elementen beginnen wird.

Diese Phase währt aber für die massereichen Haufenmitglieder nicht so lange wie für die massearmen. Nach einiger Zeit verlassen die massereichen die Hauptreihe und werden Rote Riesen. Ein Beispiel dafür ist die Sterngruppe der Hyaden. Bei ihr

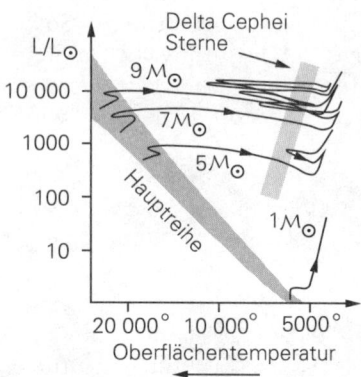

Abb. 4.4: Während sich die Sterne in ihrem Inneren entwickeln, ändern sie die Stärke ihrer Abstrahlung und ihre Oberflächentemperatur. Als Folge davon bewegen sie sich im HR-Diagramm von der Hauptreihe, auf der sie vom zentralen Wasserstoffbrennen leben, in das Gebiet der Roten Riesen. Für verschiedene Massen (angegeben in $\mathcal{M}_\odot$) sind diese *Entwicklungswege* eingezeichnet. Die Sterne bewegen sich öfter durch den Streifen der Delta-Cephei-Sterne. Immer wenn ein Stern in diesen Streifen gerät, beginnt er zu pulsieren. Zwischen seiner Schwingungsperiode und seiner absoluten Größe besteht dann die Perioden-Leuchtkraft-Beziehung (2.7).

bricht die Hauptreihe bei einer bestimmten Leuchtkraft (wegen der Masse-Leuchtkraft-Beziehung für Hauptreihensterne also bei einer bestimmten Masse) ab. Der Haufen enthält keine massereicheren Hauptreihensterne mehr. Sie sind alle zu Roten Riesen geworden, die im HR-Diagramm der Hyaden in der Abbildung 2.5, rechts oben, zu sehen sind.

Während der sich anschließenden Phasen im Leben eines Sterns laufen zum Teil recht komplizierte Vorgänge ab. Das Helium im Inneren erhitzt sich auf Temperaturen von 100 Millionen Grad. Bei dieser Temperatur wandelt sich Helium in die Elemente C, O und Ne um, in Fusionsprozessen, bei denen Energie frei wird, die allerdings mit der bei der Fusion des Wasserstoffs freiwerdenden nicht vergleichbar ist. Höhere chemische Elemente entstehen im Inneren, die Sterne bewegen sich im Diagramm wieder von rechts nach links und zurück. Nukleares Brennen findet dann nicht nur im Zentralgebiet, sondern auch in schalenförmigen Schichten statt. So kann im Zentrum der Heliumkugel in einem entwickelten Stern Helium in Kohlenstoff übergehen, während an der oberen Grenzfläche der darüberliegende Wasserstoff zu Helium wird (vgl. Abb. 4.3, unten).

Sterne im Massebereich der Sonne können nicht beliebig schwere Atomkerne bilden. Noch ehe die Temperaturen erreicht werden, die über C, O und Ne hinausführen, ändert sich das physikalische Verhalten der Materie im Zentralbereich des Sterns. Sie wird *entartet*. Eine der Folgen ist, daß das Zentralgebiet des Sterns sich nicht weiter erhitzt. Deshalb können die Sterne keine beliebig hohen Zentraltemperaturen erreichen. Die Sonne wird nicht über einige 10^8 K kommen. Sterne mit größerer Masse erreichen aber im Zentrum Temperaturen von 10^9 K. Massereiche Sterne können ihre Energie mit Kernreaktionen nur bis hinauf zum Eisen decken. Aus dessen Atomkernen läßt sich durch Fusion keine Energie mehr gewinnen. Deshalb gibt es im Stern keinen über das Eisen hinausgehenden Fusionsprozeß.

Die von der Fusion des Wasserstoffs lebenden Sterne verlassen bereits nach dem Erschöpfen ihres Wasserstoffvorrates im Zentralgebiet der Reihe nach die Hauptreihe – die massereichen zuerst, die massearmen später. Das gestattet, durch Vergleich mit Computerrechnungen das Alter eines Sternhaufens zu bestimmen. Die massereichsten Hauptreihensterne der Hyaden haben etwa 3 $\mathcal{M}_\odot$. Das Alter der Sterngruppe liegt daher bei etwa 10^9 Jahren. Die Hauptreihe des Kugelsternhaufens M3 im Sternbild der Jagdhunde ist nur bis zu Sternen von etwa 0,8 $\mathcal{M}_\odot$ hinauf besetzt. Sein Alter liegt bei $1,6 \times 10^{10}$ Jahren.

4.4 Das Interstellare Medium wird verunreinigt

Während ihrer Entwicklung blasen die Sterne von ihrer Oberfläche Materie in den Raum. Auch die Sonne sendet den sogenannten *Sonnenwind* aus, der auch die Erde und die anderen Planeten umströmt. Dieser ständige Massenverlust spielt für die Sonne keine Rolle. Selbst in den Milliarden Jahren ihres Bestehens hat sie noch keinen merklichen Teil ihrer Masse abgestoßen. In späteren Entwicklungsphasen aber kann dieses Abströmen von Materie von der Oberfläche den Stern entscheidend verändern. Aus noch nicht völlig verstandenen Gründen entledigen sich Sterne von der Art der Sonne in späteren Entwicklungsphasen nahezu vollständig ihrer Wasserstoffhülle. Übrig bleibt nur eine Kugel aus Helium, Kohlenstoff und Sauerstoff. Die abströmende Hülle kann man bei manchen Sternen direkt sehen. Sie umgibt den übrigbleibenden Kern wie eine leuchtende Kugel oder Kugelschale, welche beim Anblick im Fernrohr an einen Planeten erinnert, weshalb man die Objekte *Planetarische Nebel* genannt hat. Das von der Sternoberfläche an das Interstellare Medium zurückfließende Gas hat im Stern noch keine wesentlichen Kernreaktionen durchlaufen und ist daher in etwa noch von der gleichen chemischen Zusammensetzung wie die Interstellare Materie, aus welcher der Stern entstand. Der Kern des Sterns dagegen besteht aus Helium, dem möglicherweise bereits im Stern gebildeter neuer Kohlenstoff beigemischt ist. Der Kern ist ein sogenannter *Weißer Zwerg*, ein Stern hoher Dichte von vielleicht einer Million Gramm pro Kubikzentimeter.

Massereichere Sterne, etwa solche von der achtfachen Masse der Sonne und mehr, enden in einer gewaltigen Explosion, welche den Stern für kurze Zeit heller leuchten läßt als die 100 Milliarden Sterne seines Sternsystems zusammen. Jährlich entdeckt man in den dem Fernrohr zugänglichen Galaxien mehrere solche Sternexplosionen, sogenannte *Supernovae*. Während ihrer Entwicklung haben in ihrem Inneren verschiedene nukleare Fusionsreaktionen stattgefunden. Dementsprechend kompliziert ist ihr chemischer Aufbau. Schalen verschiedener chemischer Zusammensetzung umschließen einen zentralen, extrem verdichteten Kern, der aus Eisenatomen besteht (vgl. Abb. 4.5). Schließlich kann der Eisenkern das Gewicht der darüberliegenden Schichten nicht mehr halten, er bricht in sich zusammen und kommt erst wieder ins Gleichgewicht, wenn er zu einem noch dichteren Gebilde geworden ist, einem *Neutronen-*

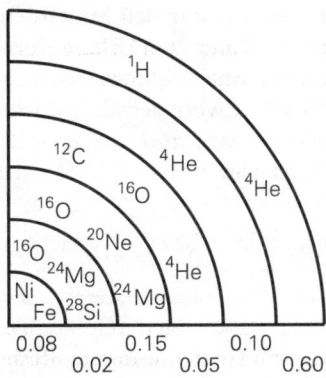

^1H

^{12}C ^4He ^4He

^{16}O

^{16}O ^{20}Ne

^{16}O ^4He

^{24}Mg

Ni ^{24}Mg

Fe ^{28}Si

0.08   0.15   0.10

0.02   0.05   0.60

Abb. 4.5: Im Inneren eines hochentwickelten Sterns sind die chemischen Elemente in Schichten mit nach innen zunehmender Massenzahl der Atome angeordnet. Die Dicken der einzelnen Schichten sind nicht maßstabsgetreu. An der Abszisse sind die Bruchteile der gesamten Sternmasse angegeben, welche die jeweilige Schicht enthält.

stern, bei dem die Dichten bei Milliarden von Tonnen pro Kubikzentimeter liegen.

Beim Kollaps zum Neutronenstern wird so viel Energie frei, daß die Hülle mit hoher Geschwindigkeit weggeblasen wird. Bei einer solchen Supernova-Explosion wird der größte Teil der ursprünglichen Masse des Sterns an das Interstellare Medium zurückgeliefert. Diese Materie ist durch Fusionsreaktionen verändert. Sie enthält schwerere chemische Elemente, die sich im Inneren des Sterns inzwischen gebildet haben. Darüber hinaus entstehen während der kurzen Zeit der Explosion Neutronen, welche in die Atomkerne eindringen und aus Elementen niedrigen Atomgewichts höhere Elemente, bis hinauf zum Uran, bilden.

Diese sogenannten Supernovae vom Typ II sind die Endstadien von Hauptreihensternen mit mehr als etwa 8 Sonnenmassen. Daneben gibt es noch eine ganz andere Art von Sternexplosionen, die Supernovae vom Typ Ia. Masseärmere Sterne bilden nach dem Abblasen der Hülle in ihren Endstadien Weiße Zwerge. Wenn auf solch einen Stern Materie fällt, etwa von einem Begleitstern, kann er explodieren. Wie bei massereichen Sternen wandeln sich C und O in höhere Elemente um. Die Fusionsreaktionen laufen aber dann so rasch und unkontrolliert ab, daß es den Weißen Zwerg zerreißt. Etwa die Hälfte seiner Materie wird dabei in Eisen umgewandelt, das wieder in das Interstellare Medium geht.

4.5 Die chemische Entwicklung der Milchstraße

Sterne entstehen aus dem Interstellaren Medium. Wenn sie ihre Entwicklung beendet haben, bleibt ein kompaktes Gebilde, ein Weißer Zwerg oder ein Neutronenstern, übrig. Möglicherweise entstehen bei Supernova-Explosionen auch noch kompaktere Gebilde, sogenannte Schwarze Löcher, an deren Oberfläche die Schwerkraft so stark ist, daß selbst das nach oben gehende Licht wieder auf die Oberfläche zurückfällt. Vielleicht tragen solche Objekte zur gravitierenden, aber nicht sichtbaren Materie unseres Sternsystems bei (vgl. Kap. 6). Die Sterne ändern die chemische Zusammensetzung des Interstellaren Mediums durch die bei Supernova-Explosionen ausgestoßene Materie. Da die massereichen Sterne ihre Entwicklung schnell durchlaufen, werden sie dem Interstellaren Medium rasch höhere chemische Elemente zuführen. Diese verraten sich in den Spektren der daraus neu entstehenden Sterne vor allem durch die Spektrallinien der Metalle. Nach dem eben beschriebenen Schema müssen also Sterne, die später entstanden sind, mehr Metalle zeigen als Sterne, die sich schon zu einer Zeit gebildet haben, als das Interstellare Medium noch nicht so stark durch Sternexplosionen verunreinigt worden war. Tatsächlich zeigt unser Sternsystem einen Zusammenhang zwischen dem Metallgehalt und dem Ort eines Sterns in unserem System. Wie wir später in Kapitel 8 sehen werden, erhält man daraus Aufschlüsse über die Geschichte der Galaxis.

Die Abbildung 4.6 zeigt die Häufigkeit der verschiedenen chemischen Elemente der galaktischen Materie, sei sie im Augenblick in Sternen gebunden oder in der Interstellaren Materie. Die Kurve der Häufigkeitsverteilung läßt sich folgenderma-

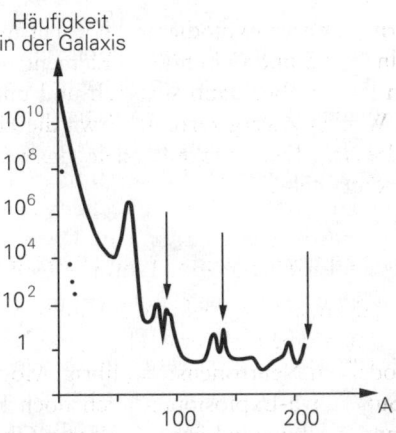

Abb. 4.6: Die mittlere Häufigkeit der chemischen Elemente, bezogen auf 10^{11} Wasserstoffatome, in Abhängigkeit von der Massenzahl A. Die Spitze bei $A = 56$ rührt daher, daß die Energie erzeugenden Fusionsreaktionen beim Eisen enden, das dementsprechend häufig vorhanden ist. Die höheren chemischen Elemente bilden sich im Inneren der Sterne durch Anlagern von Neutronen an die Atomkerne und anschließende radioaktive Zerfälle. Die bei den höheren Elementen durch Pfeile gekennzeichneten Häufigkeits-maxima rühren von den beim s-Prozeß entstandenen Kernen her, die drei Maxima links daneben kennzeichnen beim r-Prozeß gebildete Elemente.

ßen deuten: Der Wasserstoff und der größte Teil des Heliums stammen von der aus dem Urknall kommenden Materie. In ihr sind die ersten Sterne entstanden, in denen sich durch Kernfusion C, O, Ne und Mg und weitere Elemente bildeten. Der Aufbau immer höherer Elemente ging so lange, bis das Element Eisen erreicht wurde. Bei Supernova-Explosionen wurde daher besonders viel Eisen in den Raum geschleudert. Der Kern des Eisenatoms enthält 26 Protonen und 30 Neutronen. Die Gesamtzahl der Teilchen im Kern, die sogenannte Massenzahl A, hat den Wert 56. Das erklärt die Spitze in der Häufigkeit bei $A = 56$.

Daneben bildete sich in massereichen Sternen bei der Fusion des Wasserstoffs zu Helium auch ein Isotop des Kohlenstoffs (^{13}C), das mit den Heliumkernen reagiert. Dabei entstehen Neutronen, die in die Kerne aller im Stern vorhandenen Elemente ungehindert eindringen können, da sie von den positiven Kernladungen nicht abgestoßen werden. Die Kerne sind also einem ständigen Strom von Neutronen ausgesetzt, aus dem sie immer wieder Neutronen entnehmen. Viele Kerne, besonders die neutronenreichen, sind Beta-Strahler, das heißt, sie geben mit einem Elektron, das sie aussenden, nahezu keine Masse, wohl aber eine negative Ladung ab. Dabei wird aus einem Neutron ein positiv geladenes Proton. Der Kern erhöht damit die Zahl Z seiner positiven Ladungen, die *Kernladungszahl*, um 1. So wandeln sich die Kerne durch Neutroneneinfang und gelegentlichem Beta-Zerfall zu solchen mit immer höheren Werten von A und Z um. Es entstehen Elemente, die im periodischen System vom Eisen bis hinauf zum Wismut ($Z = 83$) reichen.

Es gibt aber Kombinationen von A und Z, bei denen die Kerne besonders schlechte Neutronenfänger sind. Bei ihrem durch sukzessive Neutroneneinfänge und gelegentlichem Beta-Zerfall charakterisierten Weg verweilen die Kerne dort besonders lange. Die Wahrscheinlichkeit, einen Kern im Stadium des schlechten Neutroneneinfängers zu finden, ist daher besonders groß. Aus Gründen, die in den Eigenschaften der Kernkräfte liegen, die einen Atomkern trotz seiner einander abstoßenden Protonen zusammenhalten, sind das zum Beispiel die Kerne mit 50, 82 und 126 Neutronen (man spricht von Kernen mit *magischen Neutronenzahlen*). Man muß also erwarten, daß im Weltall diese Kerne – sie liegen bei den Massenzahlen $A = 90$, 140 und 208 – in der Häufigkeitskurve Maxima zeigen. Sie sind in der Abbildung 4.6 durch Pfeile gekennzeichnet. Das langsame (slow) Wechselspiel von Neutroneneinfang mit gelegentlichem Beta-Zerfall nennt man den *s-Prozeß*. Man sieht aber in der Abbildung auch, daß links neben diesen Spitzen noch je eine zweite liegt. Diese Spitzen werden durch den s-Prozeß nicht erklärt. Auch die Elemente schwerer als Wismut können nicht durch den s-Prozeß aufgebaut werden, da sie nach der Anlagerung weiterer Neutronen zerfallen würden. Wo kommen sie her?

Die Erklärung liegt darin, daß es noch eine andere Art von Anlagerung von Neutronen an Atomkerne gibt. Bei Supernova-II-Ausbrüchen herrschen im Zentralgebiet Temperaturen von mehr als 10^9 K, die Dichte liegt dort bei Tonnen pro Kubikzentimeter. Unter diesen Bedingungen vereinigen sich Protonen und Elektronen zu Neutronen. Außerdem laufen verschiedene andere Kernprozesse ab, die Neutronen erzeugen. Jetzt sind die Atomkerne wieder einem Neutronenbad ausgesetzt, doch ungleich stärker als beim s-Prozeß. Für Bruchteile einer Sekunde findet man im Kubikzentimeter mehr als 10^{20} Neutronen. Nun können die Beta-Zerfälle nicht mehr mit den Neutroneneinfängen Schritt halten. Rasch nacheinander reichert sich jeder Kern mit vielen Neutronen an, ehe aus ihnen im nächsten Beta-Zerfall Protonen werden. Man spricht vom raschen (rapid) oder *r-Prozeß*. Wie beim s-Prozeß verweilen die Kerne lange bei den magischen Neutronenzahlen. Nun erst ist genügend Zeit für Beta-Zerfälle. Doch anders als beim s-Prozeß, bei dem zwischendurch immer wieder Neutronen zu Protonen werden, erreichen die Kerne eine magische Neutronenzahl ohne vorherige Beta-Zerfälle, also mit niedriger Protonenzahl und damit mit niedrigerer Massenzahl. Das erklärt die Häufigkeitsmaxima links von den vom s-Prozeß herrührenden.

Für die Anreicherung des Interstellaren Mediums kann man grob sagen, daß die Sternwinde hauptsächlich s-Prozeß-Elemente liefern, die Supernovae vom Typ II die anderen höheren chemischen Elemente. Sie sind für die Spitzen in der Häufigkeitskurve verantwortlich, die von den r-Prozessen herrühren, und sie bringen auch die bei der Kernfusion gebildeten Elemente C, O, Ne und Mg in den Raum. Demgegenüber liefern die Supernovae vom Typ Ia, die durch die Explosion eines Weißen Zwerges hervorgerufen werden, mit Eisen (Fe) angereicherte Materie.

Doch es gibt noch einen weiteren wesentlichen Unterschied zwischen den beiden Arten von Supernovae. Die massereichen, ihre Entwicklung also rasch durchlaufenden Sterne, die als Supernova vom Typ II explodieren, reichern das Interstellare Medium schon kurz nach ihrem Entstehen mit C, O, Ne und Mg an. Die masseärmeren, für die Supernovae vom Typ Ia verantwortlichen Sterne entwickeln sich langsamer und liefern daher das Eisen erst einige Milliarden Jahre später.

Die chemischen Häufigkeitsverhältnisse in den Sternen enthalten Aussagen über die Geschichte der Milchstraße. Während sich in jedem Stern im Zentralgebiet durch Fusion aus niedrigeren chemischen Elementen höhere bilden, kommen die Fusionsprodukte kaum zur Oberfläche. Die Häufigkeitsverhältnisse in der Atmosphäre eines Sterns, die uns die Spektralanalyse verrät, sind praktisch identisch mit denen des chemischen Gemisches, das der Stern bei seiner Geburt mitbekommen hat. Es sind die Sternwinde und die Supernova-Explosionen, welche die im Stern erst neu entstandenen Atome nach außen bringen.

5. Gas und Staub

Betrachtet man im Fernrohr das Milchstraßenband, so hat es den Anschein, als würden sich viele Milliarden Sterne eng in der galaktischen Scheibe zusammendrängen. Das ist die Folge eines Projektionseffektes. Alle Sterne entlang des Sehstrahls überlagern sich, obwohl sie in Wirklichkeit weit voneinander entfernt sind. Die 100 Milliarden Sterne der galaktischen Scheibe mit einem Scheibenradius von 15 kpc und einer mittleren Dicke von 300 pc sind im Mittel 1 pc voneinander entfernt. Um sich diese ungeheuren Dimensionen vorstellen zu können, betrachten wir die Welt in einem Maßstab von 1:13 Milliarden. Die nur noch 1 mm große Erde umkreist nun die 11 cm große Sonne in einer Entfernung von 11 Metern. Der nächste Stern wäre dann aber immer noch 2300 km von der Sonne entfernt. Unter diesen Bedingungen ist ein Zusammenstoß zwischen zwei Sternen äußerst selten. Höchstens in den dichter gepackten Kugelsternhaufen könnte es im Laufe der Zeit einmal geschehen.

5.1 Die Materie zwischen den Sternen

In Wirklichkeit ist der Raum zwischen den Sternen nicht vollständig leer, sondern mit Gas, hauptsächlich Wasserstoff, und Staub gefüllt, dem Interstellaren Medium, von dem bereits früher die Rede war. Die Dichte des Wasserstoffs ist äußerst gering. Ein Liter Luft wiegt auf der Erde ein Gramm. Wollte man dieses Gramm Luft auf die Dichte von 1 Teilchen pro Kubikzentimeter verdünnen, so benötigte man einen Behälter mit einem Durchmesser von mehr als 1000 km.

Trotz seiner geringen Dichte ist das Interstellare Medium zum Verständnis der Entstehung und Entwicklung unserer Milchstraße von fundamentaler Bedeutung, denn aus ihm bilden sich die Sterne und Planeten. Die kinematische und räumliche Verteilung der Sterne und damit der Aufbau des Systems werden durch die Eigenschaften des Sterne bildenden Gases festgelegt. Sobald aber ein Stern entstanden ist, wird er kaum noch durch das ihn umgebende Gas beeinflußt. Höchstens sehr massereiche Molekülwolken können durch ihre gewaltige Gravitationsanziehung die Bahnen der Sterne verändern (vgl. Abschnitt 6.5).

Das interstellare Gas ist andererseits dem heizenden und ionisierenden Strahlungsfeld der Sterne ausgeliefert. Supernova-Explosionen erzeugen riesige Blasen heißen Gases und treiben Stoßfronten mit Überschallgeschwindigkeit in das umgebende kühle Medium. Die Magnetfelder in ihnen beschleunigen Atomkerne des Gases auf Geschwindigkeiten, wie wir sie von der kosmischen Strahlung kennen. Gleichzeitig reichern die Supernovae dieses Gas mit höheren chemischen Elementen an. Kühlt das aufgeheizte Gas später wieder ab, so können darin neue, mit höheren Elementen angereicherte Sterne entstehen. Aufgrund dieser Wechselwirkung mit den Sternen müssen wir uns das Interstellare Medium als ein inhomogenes, komplexes Gemisch aus atomarem, molekularem und ionisiertem Gas vorstellen, mit unterschiedlichen Dichten und Temperaturen und einer sich ständig ändernden Struktur.

5.2 Der strahlende Wasserstoff

Wie bei den Sternen erhalten wir die meisten Informationen über das Interstellare Medium durch Strahlung in den verschiedenen Wellenlängenbereichen. Betrachten wir zum Beispiel das häufigste Element, den interstellaren Wasserstoff. Ein neutrales Wasserstoffatom (HI) besteht aus einem elektrisch positiv geladenen Proton als Kern und einem negativ geladenen Elektron, das sich im elektrischen Feld des Protons bewegt. Das leichte Elektron umläuft den schweren Protonenkern in einem Bahnabstand, der nach der Quantenmechanik nur bestimmte diskrete Werte annehmen kann. Das Wasserstoffatom ist nur im *Grundzustand,* dem am stärksten gebundenen Zustand, stabil. Dann befindet sich das Elektron auf der innersten Bahn.

Bestrahlt man das Atom mit Licht, wird es angeregt. Das Atom verschluckt ein Lichtquant und benützt dessen Energie, um das Elektron entgegen der Anziehungskraft des Protons auf eine Bahn mit einem größeren Radius zu heben, man spricht von einem höheren Energieniveau. Nach kurzer Zeit (innerhalb einer hundertmillionstel Sekunde) wird das Elektron jedoch wieder in den Grundzustand zurückfallen, wobei es die überschüssige Energie durch Aussenden eines Lichtquants abgibt. Sehr energiereiche Lichtquanten im ultravioletten Wellenlängenbereich – genauer: Wellenlängen kleiner als $9,12 \times 10^{-6}$ cm – schlagen das Elektron aus dem Atomverband und ionisieren damit den Wasserstoff (HII), der dann nur noch aus dem positiv geladenen Protonenkern besteht. Wird ein negativ geladenes Elektron danach in einer sogenannten *Rekombination* wieder vom Proton eingefangen, so fällt es in der Regel nicht sofort in den Grundzustand zurück, sondern erreicht ihn erst über mehrere Zwischenschritte auf höheren Bahnen, wobei jedesmal ein energiearmes Lichtquant – Wellenlänge größer als $9,12 \times 10^{-6}$ cm – abgestrahlt wird. Ionisation und anschließende Rekombination des Wasserstoffs wandeln somit energiereiche UV-Strahlung in langwelligeres, sichtbares Licht um, das ein anderes Wasserstoffatom nicht mehr ionisieren kann.

5.3 Leuchtende Gasnebel und HII-Regionen

Die leuchtenden Emissionsnebel der Milchstraße (vgl. Abb. 5.1) gehören wohl zu den schönsten Erscheinungen, die man selbst mit einem kleinen Fernrohr beobachten kann. Hier wird der interstellare Wasserstoff durch die ultraviolette Strahlung heißer, massereicher Hauptreihensterne auf etwa 10 000 K aufgeheizt und ionisiert. Er strahlt danach die erhaltene Energie durch Rekombination im langwelligeren, sichtbaren Wellenlängenbereich zurück. Nahezu alle massereichen Sterne sind von einer solchen, in ihrer eigenen Rekombinationsstrahlung glühenden HII-Region umgeben. Die Verteilung dieser hellen Emissionsnebel in der Milchstraße gibt uns daher einen Hinweis auf die Verteilung der massereichen Sterne. Diese wiederum können sich in ihrer kurzen Lebenszeit von einigen Millionen Jahren nicht weit von ihrer Geburtsstätte entfernt haben.

Abb. 5.1: Der *Lagunennebel* im Sternbild des Schützen. Junge Sterne regen eine Wasserstoffwolke zum Leuchten an. Vor dem Emissionsnebel steht eine langgestreckte Staubwolke, die sich wie ein dunkles Band über den leuchtenden Nebel zieht.

Das bedeutet, daß die Emissionsnebel die aktuellen Sternentstehungsgebiete in der Milchstraße markieren. Tatsächlich ist die Gasdichte der Emissionsnebel mit bis zu 10^5 Teilchen pro Kubikzentimeter wesentlich höher als die mittlere Gasdichte des Interstellaren Mediums, ein Hinweis darauf, daß die massereichen Sterne in dichteren Gaswolken entstanden sind (vgl. Abschnitt 4.1) und nun das sie umgebende, verdichtete Gas aufheizen und ionisieren. Weitere Sternentstehung ist dann in diesem Gebiet nicht mehr möglich, da heißes Gas schwerer kollabieren kann.

5.4 Der neutrale Wasserstoff

Emissionsnebel sagen uns, wo massereiche Sterne gerade entstanden sind. Sie sagen uns nicht, wie das Gas in den Galaxien verteilt ist, denn nur etwa 5 Prozent der gesamten Gasmasse der Milchstraße – d.h. etwa 250 Millionen Sonnenmassen – leuchten in HII-Regionen. Der größte Teil des interstellaren Wasserstoffs – etwa 5 Milliarden Sonnenmassen – wird hingegen nicht ionisiert, da die UV-Strahlung der Sterne ihn nicht erreicht, weil sie schon in den die heißen Sterne umgebenden HII-Regionen absorbiert und in nichtionisierende langwellige Strahlung umgewandelt wurde. Der interstellare Wasserstoff ist daher vorwiegend neutral mit Temperaturen von einigen hundert bis zu einigen tausend Kelvin.

Die Kelvin-Temperaturskala

Die *absolute Temperaturskala* (Kelvinskala) hat ihren Nullpunkt bei −273° Celsius. Ihre Gradeinheit ist die gleiche wie die der Celsiusskala. Deshalb entspricht 0°C einem Wert von 273 K.

Abgeschirmt von der anregenden Strahlung junger Sterne ist das HI-Atom im Grundzustand und strahlt kein Licht durch Bahnübergänge des Elektrons ab. Der neutrale Wasserstoff scheint unsichtbar zu sein.

Im Jahre 1944 erkannte der holländische Astronom H. C. van de Hulst, daß das Wasserstoffatom im Grundzustand jedoch *Radiostrahlung* aussenden kann, die stark genug ist, um von uns empfangen zu werden. Der Grund für diese Strahlung ist eine besondere Eigenschaft der atomaren Bausteine, ihr *Spin*. Sowohl das Proton als auch das Elektron besitzen einen eigenen Drehimpuls, der als Spin bezeichnet wird und den man sich vereinfacht als eine Drehung um die eigene Achse vorstellen kann. Die Spins von Elektron und Proton erzeugen magnetische Felder, die sich gegenseitig beeinflussen. Dies führt dazu, daß der Zustand, bei dem die Teilchen in entgegengesetzter Richtung rotieren, etwas energieärmer ist als der Zustand mit gleicher Rotationsrichtung. Im stabilen Grundzustand rotieren die Teilchen daher entgegengesetzt.

Jedes Wasserstoffatom stößt unter typischen interstellaren Bedingungen (Dichte: 1 pro Kubikzentimeter, Temperatur: 100 K) etwa alle 3000 Jahre einmal auf ein anderes. Dabei kann es so gestört werden, daß die empfangene Energie zwar nicht ausreicht, das Elektron auf die nächsthöhere Bahn zu heben, wohl aber seinen Spin umzuklappen. Da der Zustand mit parallelem Spin von Elektron und Proton eine höhere innere Energie besitzt, wird beim Zurückklappen in den Grundzustand Energie frei, die durch ein Lichtquant im Radiobereich mit einer Wellenlänge von 21 cm abgestrahlt wird.

Die 1951 entdeckte 21-cm-Strahlung des atomaren Wasserstoffs der Milchstraße leitete die Ära der Radioastronomie ein, die einen detaillierten Einblick in die innere Struktur der Gaskomponente unseres Systems lieferte. Da die Radiostrahlung das interstellare Gas praktisch ungehindert durchdringen kann, lassen sich auch Strukturen in großen Entfernungen von der Sonne untersuchen. Richtet man die Antenne eines Radioteleskops auf eine Stelle der Milchstraße, so empfängt man die Strahlung aller Atome längs des Sehstrahls. Wegen der differentiellen Rotation des Gases in der Scheibe bewegen sich die Wasserstoffatome, die im Sehstrahl liegen, nicht alle gleich. Die scharfe Wasserstofflinie ist wegen des Dopplereffektes über einen gewissen Bereich in der Nachbarschaft der Wellenlänge von 21 cm verschmiert. Von jeder Richtung mit galaktischer Länge ℓ und Breite b erhält man so ein komplexes Linienprofil des HI (vgl. Abb. 5.2). Die Intensität bei einer bestimmten Wellenlänge setzt sich aus der Strahlung aller Wasserstoffatome mit derselben Radialgeschwindigkeit entlang des Sehstrahles zusammen.

Das Linienprofil enthält Informationen über die Radialgeschwindigkeiten der strahlenden Atome und deren Dichte. Es ist die Kunst der Radioastronomen, daraus ein Bild von der räumlichen und kinematischen Verteilung des neutralen Wasserstoffs in der galaktischen Scheibe zu gewinnen. Die HI-Strahlung ist stark auf den Bereich des galaktischen Äquators, also auf kleine galaktische Breiten b, konzentriert. Der neutrale Wasserstoff erscheint beim Blick ins Innere des Systems als eine sehr dünne Schicht von nur 250 pc Dicke. Damit läßt sich die Lage der galaktischen Äquatorebene, der Grundebene des galaktischen Koordinatensystems, wesentlich genauer festlegen,

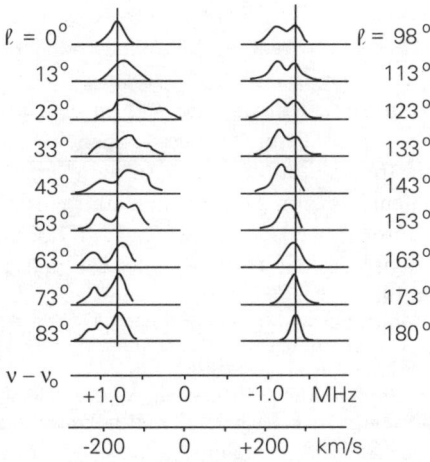

Abb. 5.2: Intensitätskurven der 21-cm-Linie des neutralen Wasserstoffs längs des galaktischen Äquators für verschiedene galaktische Längen. Die beiden vertikalen Geraden kennzeichnen den Ort der Mitte der unverschobenen Linie. Radialbewegungen des Gases verformen das Linienprofil. Unten sind die Skalen für die Abszissenverschiebungen einmal als Frequenzverschiebung in MHz, das andere Mal in km/s gezeichnet. Man beachte, daß das Vorzeichen so gewählt ist, daß positive Radialgeschwindigkeit Bewegung vom Beobachter weg bedeutet.

als dies durch die scheinbare Verteilung der Sterne möglich ist, die keine solche dünne Scheibenkonfiguration bilden. In den äußeren Bereichen bei $r > 8,5$ kpc wächst die Dicke der HI-Scheibe auf 400 pc an, und die Ebene maximaler Dichte verbiegt sich (vgl. Abbildung 5.3).

Eine solche Verwerfung der Gasschicht in den äußeren Bereichen beobachtet man häufig bei Spiralgalaxien, die wir zufällig von der Kante sehen. Die Ursache ist noch nicht geklärt. Auffallend ist jedoch, daß unsere Milchstraßenebene am stärksten in *der* Richtung verbogen ist, in der die benachbarten Magellanschen Wolken auf ihrer Bahn um das galaktische Zentrum durch die Äquatorebene stoßen. Vielleicht führt die gravitative Wechselwirkung dieser Satelliten unseres Systems mit der Gasscheibe zu der beobachteten Störung, obwohl man auch verbo-

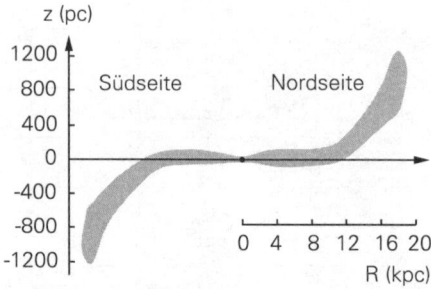

Abb. 5.3: Die Milchstraßenscheibe ist verbogen. Das zeigt ein Schnitt in zwei entgegengesetzte Richtungen. Der Abstand z von der Mittelebene ist gegenüber dem Abstand R in der Scheibe zum Zentrum zehnfach vergrößert dargestellt. Die Verbiegung ist also zur Verdeutlichung übertrieben. Die graue Fläche deutet den Bereich des neutralen Wasserstoffs an.

gene Scheiben in Galaxien findet, die keinen sichtbaren Begleiter haben.

Konzentrieren wir uns nun auf die Verteilung des neutralen Wasserstoffs in der Äquatorebene ($b = 0$). Die Abbildung 5.4 zeigt dafür eine Konturenkarte der Strahlungsintensität der 21-cm-Linie als Funktion der Dopplergeschwindigkeit im Bereich zwischen $\ell = -5°$ und $\ell = 120°$. Karten dieser Art enthalten die vollständige Information, die wir über die Gasscheibe aus der 21-cm-Linie erhalten können. Verfolgt man die mittlere Geschwindigkeit der strahlungsintensiven Gebiete (im Bild dunkel) in Abhängigkeit von ℓ, so erkennt man leicht einen Teil der bereits in Abschnitt 3.3.2 diskutierten Doppelwelle: die mittlere Geschwindigkeit ist Null bei $\ell = 0°$ und $\ell = 90°$ und wird maximal bei $\ell = 45°$. Das HI-Gas nimmt also an der differentiellen Rotation der galaktischen Scheibe teil.

Aus der maximalen Rotationsgeschwindigkeit als Funktion von ℓ kann man nun die Rotationskurve des Gases im Innenteil der Scheibe bestimmen. Dazu nehmen wir der Einfachheit halber an, daß sich das Gas auf Kreisbahnen um das galaktische Zentrum bewegt. Wenn die Umlaufgeschwindigkeit sich nicht extrem mit dem Bahnradius ändert, sollte die gemessene Radialgeschwindigkeit entlang eines Sehstrahls am Tangentialpunkt

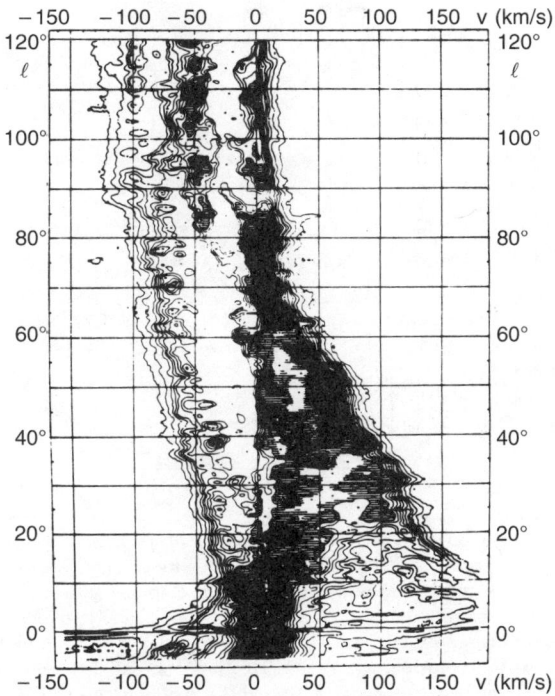

Abb. 5.4: Die Konturenkarte des neutralen Wasserstoffs längs des galaktischen Äquators im Bereich des ersten Quadranten galaktischer Länge. Die Intensität der HI-Strahlung ist in Abhängigkeit von galaktischer Länge ℓ und Radialgeschwindigkeit v durch Linien konstanter Intensität („Höhenlinien") dargestellt. Dunkle Gebiete entsprechen den größten Intensitäten. Man erkennt zum ersten ein Stück der Doppelwelle der Abbildung 3.6: Ein positives Geschwindigkeitsmaximum bei 45° und ein Übergang zu negativen Geschwindigkeiten beim Wechsel in den zweiten Quadranten. Daraus folgt, daß das Gas im großen und ganzen der Bewegung der Sterne folgt. Doch es gibt Ausnahmen. Die Karte zeigt mehrere „Hügel" mit geschlossenen Konturen. Man sieht ferner in mittlerer Höhe des Bildes links noch einen zweiten, niedrigeren „Gebirgskamm". Hier scheint es sich wohl um einzelne Wolken zu handeln, die eine eigene Bewegung besitzen. Auffallend sind die hohen Geschwindigkeiten in Richtung des Zentrums $\ell = 0$. Es gibt dort sowohl Gas, das auf uns zu-, wie auch welches, das von uns wegströmt – eine extreme Abweichung von der Bewegung in Kreisbahnen (nach W. D. Burton, 1974).

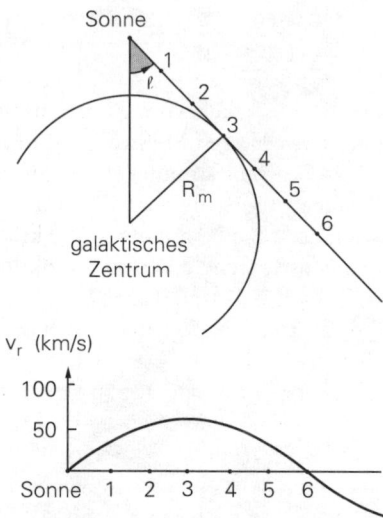

Abb. 5.5: Die 21-cm-Linie des Wasserstoffs am galaktischen Äquator, in der Länge ℓ gemessen, setzt sich aus den Emissionen der Wasserstoffatome längs des Sehstrahls zusammen. Unten ist die Radialgeschwindigkeit längs des Sehstrahles eingezeichnet, wobei 6 gekennzeichnete Punkte die Zuordnung zum oberen Bild geben. Am Punkt 3 liegt der Sehstrahl tangential an der Kreisbahn vom Radius R_m um das Zentrum. Für den Beobachter am Ort der Sonne bewegt sich der Wasserstoff genau in Richtung des Sehstrahles. Seine Umlaufgeschwindigkeit macht sich hier voll als Radialgeschwindigkeit bemerkbar. Dementsprechend hat diese dort ein Maximum (Bild unten). Man beobachtet aber die Radialgeschwindigkeit nicht in Abhängigkeit vom Ort, wie im unteren Teilbild dargestellt, denn alle Atome längs des Sehstrahles mit ihren verschiedenen Radialgeschwindigkeiten bestimmen ein Linienprofil der Art der Abb. 5.2. Die Umlaufgeschwindigkeit im Abstand R_m vom Zentrum erhält man aus der größten beobachteten Radialgeschwindigkeit, also für Längen im ersten Quadranten jeweils aus der rechten Flanke, im vierten Quadranten aus der linken Flanke des Linienprofils.

(dort, wo der Sehstrahl parallel zur Bahn verläuft, vgl. Abb. 5.5) ein Maximum erreichen. Der Tangentialpunkt hat den Zentrumsabstand R_m, den man aus den bekannten Größen ℓ und $R_\odot$ durch eine einfache Dreiecksrechnung erhält. Die gemessene maximale Radialgeschwindigkeit ist die Umlaufgeschwindigkeit des Wasserstoffs im Abstand R_m zum Zentrum. Variiert man ℓ in den Bereichen der Quadranten I und IV (Blick nach innen), so erhält man jeweils die Rotationsgeschwindigkeit des Gases in Abhängigkeit vom Zentrumsabstand R. Der geglättete Verlauf der mittleren Meßwerte ist in der Abbildung 5.6 dargestellt. Das Ergebnis stimmt relativ gut mit der Rotationskurve der Scheibensterne überein. Das Gas rotiert über einen weiten Bereich der Scheibe mit etwa 250 km/s. Unterschiede in der Bewegung zwischen Gas- und Sternkomponente sind allerdings nicht verwunderlich, da sich das Gas auf kreisähnlichen Bahnen bewegt, während die Sterne sich auf Ellipsen ähnlichen Bahnen bewegen können, die in einem Bereich dem Zentrum nahe, an einem anderen von diesem weit entfernt sind.

Doch die Intensitätskurven der Abbildung 5.4 enthalten noch mehr Information. Nehmen wir zwei Werte ℓ und v. Die Messungen liefern uns dann eine bestimmte Strahlungsintensität, zu der eine bestimmte Dichte des strahlenden Wasserstoffs gehört. Wo aber längs des durch ℓ festgelegten Sehstrahls befindet sich dieses Gas?

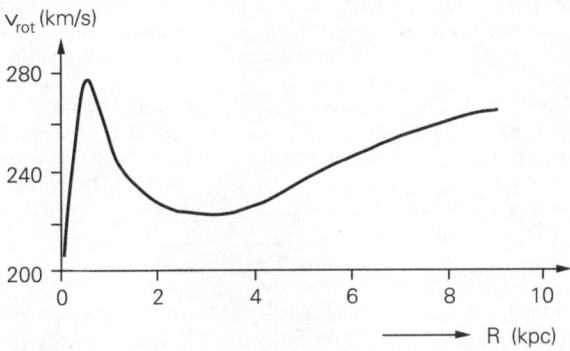

Abb. 5.6: Die Rotationsgeschwindigkeit des Wasserstoffs in der galaktischen Scheibe. Man beachte, daß starre Rotation einer aus dem Koordinatenursprung ($v_{rot} = 0, R = 0$) kommenden, nach rechts ansteigenden geraden Linie entspricht. Die beobachtete Rotationsgeschwindigkeit hat nach einer genäherten starren Rotation bis etwa 0,5 kpc ein Maximum, sinkt dann ab, um danach wieder anzusteigen. Im Bereich von 7 bis 14 kpc (vgl. auch Abb. 6.1) ändert sich die Rotationsgeschwindigkeit nur wenig.

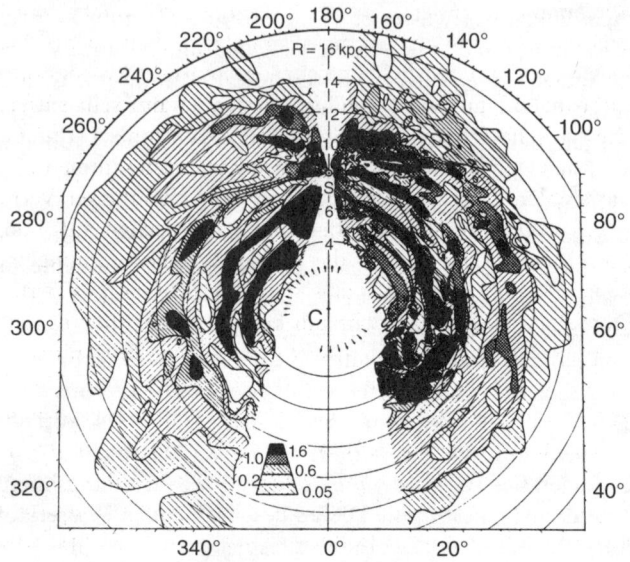

Abb. 5.7: Die Verteilung des neutralen Wasserstoffs in der galaktischen Scheibe. Der Ort der Sonne ist mit S angegeben, der des Scheibenzentrums mit C. Die Dichteverteilung wurde aus den Konturen der 21-cm-Linie unter der Annahme der aus der Beobachtung hergeleiteten Rotationskurve gewonnen. In den beiden weißen Sektoren bewegt sich der Wasserstoff quer zur Blickrichtung. Die auf Radialgeschwindigkeiten beruhende Methode versagt daher dort. Im unteren Teil ist erklärt, wie die Teilchendichte im Bereich von 0,05 bis 1,6 Atome pro cm^3 durch Schraffur gekennzeichnet ist. Die Gradangaben am äußeren Rand geben die vom Ort der Sonne aus gemessene galaktische Länge wieder (nach Ort, Kerr und Westerhout).

Zu einer gemessenen Radialgeschwindigkeit gibt es genau zwei Punkte entlang des Sehstrahls, die symmetrisch vor und hinter dem Tangentialpunkt liegen (vgl. Abb. 5.5). Um diese Doppeldeutigkeit zu beseitigen, muß man ähnliche Konturen für andere galaktische Breiten herstellen und berücksichtigen, daß ein Objekt um so kleiner erscheint, je weiter es entfernt ist. Von der Sonne aus gesehen erscheint zum Beispiel die Schichtdicke der Gasscheibe hinter dem Tangentialpunkt kleiner als vor ihm. Mit der oben beschriebenen Methode bestimmten die Radioastronomen aus der Konturenkarte die tatsächliche Verteilung des neutralen Wasserstoffs in der galaktischen Ebene (Abb. 5.7). Man erkennt deutlich, daß sich der neutrale Wasserstoff in kreisförmigen Filamenten anhäuft, die jedoch nur sehr entfernt an die typische Struktur von Spiralgalaxien erinnern. Das Gas scheint sich vielmehr in konzentrischen Ringen zu sammeln.

Das Fehlen einer Spiralstruktur in der scheinbaren Verteilung des neutralen Wasserstoffs konnte inzwischen aufgeklärt werden. Tatsächlich beruht die Entfernungsbestimmung wesentlich auf der Annahme, daß sich das HI-Gas auf perfekten Kreisbahnen um das Zentrum bewegt. Wellenförmige Abweichungen der gemessenen Rotationskurve vom mittleren Verlauf (vgl. Abb. 6.4) weisen jedoch darauf hin, daß die einzelnen HI-Gebiete lokalen Geschwindigkeitsschwankungen unterliegen. Da diese Eigenbewegung des Gases im Bereich der typischen Dopplergeschwindigkeiten liegt, kann man sie nicht vernachlässigen, denn Abweichungen von der mittleren Rotationsgeschwindigkeit können bei der oben beschriebenen Methode Dichteschwankungen vortäuschen. Es gibt dann immer wieder verschiedene Gebiete, die zwar unterschiedliche Rotationsgeschwindigkeiten besitzen, deren zusätzliche Eigenbewegung aber zur selben Radialgeschwindigkeit relativ zur Sonne führt. Die Radiostrahlung überlagert sich dann bei derselben Wellenlänge und führt dort zu einem Intensitätsmaximum, das man dann nicht als eine Dichteschwankung interpretieren darf.

Konturenkarten von der Art der Abbildung 5.4 sind zwar nicht geeignet, die Spiralstruktur unserer Milchstraße erkennen zu lassen, sie liefern aber eine zuverlässige Aussage über die mittlere radiale Verteilung des Gases. In der Abbildung 5.8 ist die großräumige Dichteverteilung des atomaren Wasserstoffs in Abhängigkeit vom Zentrum dargestellt. Die Dichte des HI ist im Bereich zwischen 4 kpc und 14 kpc näherungsweise konstant und beträgt etwa 0,4 Teilchen pro Kubikzentimeter. Sie fällt weiter außen und nach innen rasch ab. Im Gegensatz zur Sterndichte, die im Zentrum ein Maximum hat, finden wir nur wenig HI im inneren Bereich der Milchstraße. Die möglichen

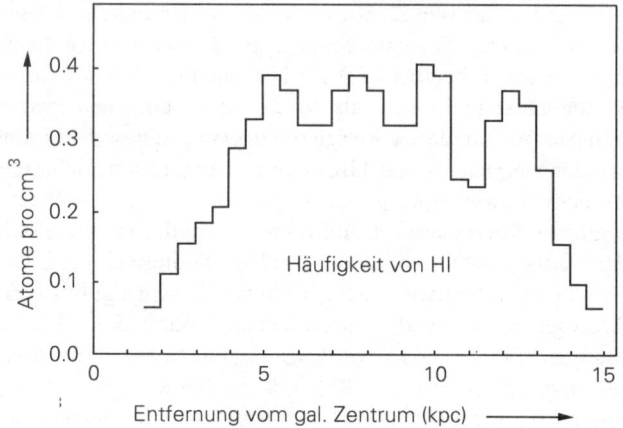

Abb. 5.8: Die Dichte des neutralen Wasserstoffs in der galaktischen Scheibe in Abhängigkeit vom Zentrumsabstand.

Ursachen für diese im ersten Moment verblüffende Beobachtung werden wir in Kapitel 7 noch genauer untersuchen.

5.5 Das Wolkenmedium und der molekulare Wasserstoff

Die Gesamtmasse des interstellaren HI liegt bei etwa 5 Milliarden Sonnenmassen, wobei sich 80 % davon in Bereichen *außerhalb* des Sonnenabstandes befinden. Im Gegensatz dazu beträgt die Gesamtmasse an molekularem Wasserstoff (H_2) nur etwa 1,5 Milliarden Sonnenmassen, die *innerhalb* des Sonnenabstandes liegen.

Das H_2-Molekül entsteht durch die Verbindung von zwei Wasserstoffatomen. Es ist ein Molekül der Art von Edelgasatomen und daher sehr stabil. Erstaunlich ist daher, daß der größte Teil des Wasserstoffs in den kühlen Weiten der Milchstraße in atomarer und nicht in molekularer Form vorliegt. Wieviel H_2 existiert, hängt offensichtlich von den Mechanismen ab, die zur Bildung und Zerstörung der H_2-Moleküle führen. Überwiegen die zerstörenden Einflüsse, so entsteht ein HI-Gebiet, im anderen Fall eine Molekülwolke. Die Energie, die ein Lichtquant benötigt, um das Wasserstoffmolekül in seine Bestandteile, zwei Wasserstoffatome, aufzubrechen, das heißt, es zu *dissoziieren*, beträgt 14,7 eV. Nur die intensive UV-Strahlung (Wellenlänge kleiner als $9,12 \times 10^{-6}$ cm) von massereichen Sternen ist dafür energiereich genug. Diese Strahlung wird jedoch bereits in den HII-Gebieten verbraucht und steht daher nicht zur Verfügung.

Es gibt noch eine zweite, indirekte Methode, H_2 zu zerstören. Hierbei absorbiert ein Atom des H_2 ein langwelliges Lichtquant und wird dadurch angeregt. Beim Rücksprung des Elektrons dieses Atoms in den Grundzustand kann das Molekül zerbrechen. Die Dissoziationsenergie beträgt hier nur noch 4,5 eV, langwelliges Licht einer Wellenlänge kleiner als 11×10^{-6} cm genügt dann bereits, das H_2-Molekül in seine Bestandteile zu zerlegen. Die Rate, mit der die stark verdünnte Sternstrahlung ein Wasserstoffmolekül in einer HI-Region anregt und trennt, ist jedoch immer noch wesentlich kleiner als die Rate, mit der zwei Wasserstoffatome zusammenstoßen und H_2 bilden könnten. Daß der interstellare Wasserstoff trotzdem nicht vollständig aus H_2 besteht, liegt daran, daß die so gebildeten Wasserstoffmoleküle keine Möglichkeit besitzen, die beim Stoß der Atome freiwerdende Energie abzustrahlen. Die beiden Atome können dann nicht aneinander gebunden bleiben. Molekularer Wasserstoff kann somit nicht in einer reinen HI-Region entstehen. Woher aber stammt dann der molekulare Wasserstoff?

5.6 Die wichtige Rolle der interstellaren Staubteilchen

Die Beobachtungen zeigen, daß Sterne nur in Molekülwolken entstehen. Die Bildung von molekularem Wasserstoff ist daher ein fundamentaler Mechanismus, der die Sternentstehungsgeschichte unserer Milchstraße bestimmt und damit auch die Entstehung unserer Sonne, ihrer Planeten und des Lebens auf der Erde. Der interstellare Staub scheint hier eine entscheidende Rolle zu spielen. Das Interstellare Medium besteht nicht nur aus Wasserstoff mit einer Beimischung aus Helium, das bereits vor der Bildung der Milchstraße im Urknall entstanden ist (vgl. Kapitel 8). Etwa 2 Prozent des Gases bestehen heute aus schweren Elementen, die in Sternen erzeugt und anschließend an das Interstellare Medium zurückgegeben wurden (vgl. Abschnitt 4.5). Die Hälfte davon, das heißt etwa ein Prozent des Interstellaren Mediums, ist in Staubteilchen gebunden. Woraus sie genau bestehen, ist nicht bekannt. Untersuchungen des Spektrums des vom Staub gestreuten Lichtes weisen darauf hin, daß es sich um eine Mischung aus 1×10^{-6} cm großen Silikat- und Graphitteilchen handelt, ähnlich unserem irdischen Gestein. Teilweise bestehen die Staubkörner, wie die Kometen, wahrscheinlich auch aus Wassereis, das mit Graphit, Silizium und Metalloxiden verunreinigt ist. Im Abschnitt 2.3.4 wurde gezeigt, daß der Staubanteil des Interstellaren Mediums für astronomische Beobachtungen von fundamentaler Bedeutung ist, da er das Licht entfernter Objekte absorbiert, streut und verfärbt. Als Folge erstrahlt unsere Milchstraße in einem diffusen Licht des an Staubteilchen gestreuten Sternenlichtes.

Junge Sternentstehungsgebiete, wie zum Beispiel die Plejaden im Sternbild des Stiers, sind häufig von einem diffusen *Reflexionsnebel* umgeben, einer Staubwolke, in der die Sterne entstanden sind und die nun durch die hellen, aber massearmen Sterne beleuchtet wird. Im Gegensatz zu den Emissionsnebeln, die durch die energiereiche Strahlung naher massereicher Sterne selbst zum Leuchten angeregt werden, reflektieren die Staubnebel größtenteils das Licht der eingebetteten Sterne. Die Staubteilchen werden durch das Licht der Sterne auf 10 bis 30 K aufgeheizt. Sie strahlen dann die absorbierte Energie als Wärmestrahlung im infraroten Wellenlängenbereich ab. Der Infrarotsatellit IRAS hat erstmals den im Wellenlängenbereich von Hundertstelmillimetern leuchtenden Staub unserer Milchstraße detailliert untersucht (vgl. Abb. 5.9).

Mit dem bloßen Auge lassen sich im Band der Milchstraße zerfranste dunkle Bereiche erkennen, Gebiete, in denen scheinbar Sterne fehlen (vgl. Abb. 1.1). Tatsächlich verschlucken hier riesige vorgelagerte Dunkelwolken aus molekularem Wasserstoff und Staub das Licht der dahinterliegenden Sterne. Interes-

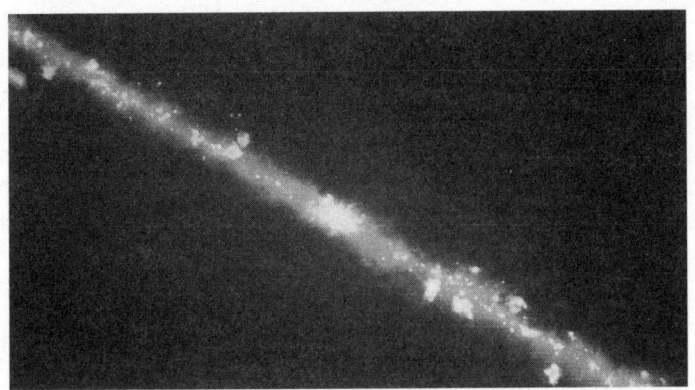

Abb. 5.9: Die Milchstraße leuchtet im infraroten Licht des Wellenlängen-
bereiches zwischen einem Zehntel und einem Hundertstel mm. Es ist die
Wärmestrahlung des interstellaren Staubes. Das Bild zeigt einen Winkelbereich von 48 × 33 Grad (Aufnahme des Satelliten IRAS von NASA und
ESA).

santerweise findet man immer, daß die Molekülwolken zugleich die staubigsten Gebiete der Milchstraße sind. Die Staubteilchen scheinen für die Entstehung des molekularen Wasserstoffs von besonderer Bedeutung zu sein. Wir wissen heute,
daß der Staub eine wichtige katalytische Rolle bei der Bildung
von molekularem Wasserstoff spielt. In Gebieten mit hoher
Staubdichte lagern sich neutrale Wasserstoffatome an den
Staubteilchen an, bis zufällig zwei von ihnen aufeinandertreffen. Es bildet sich ein H_2-Molekül, das sich gleichzeitig durch
die dabei freigesetzte Energie von der Oberfläche löst. Ein Teil
der Energie geht in die Bewegungsenergie des neuen Wasser-
stoffmoleküls, der Rest wird vom Staubkorn aufgenommen.

In den großen dünnen HI-Gebieten der Milchstraße mit Teil-
chendichten von 0,1 bis 1 Teilchen pro Kubikzentimeter ist die
Staubdichte so gering, daß das Licht der Sterne die neu gebildeten H_2-Moleküle wieder aufbricht und sich keine Wolke aus
molekularem Wasserstoff bilden kann. Steigt die Gasdichte auf
Werte von 10 bis 100 Teilchen pro Kubikzentimeter, so for-
miert sich das HI-Gas zu einzelnen, diffusen HI-Wolken mit

Durchmessern von etwa 5 pc und Massen von etwa 30 $M_\odot$. Die zahlreichen geschlossenen Konturen der HI-Karte der Abbildung 5.4 kennzeichnen solche lokal begrenzte Gebiete einheitlicher Geschwindigkeit. Lagern sich diese Wölkchen aneinander an, so bilden sie massereichere, dichtere Wolkenkomplexe. Dringt die Sternstrahlung in diese Wolken ein, so wird sie absorbiert und abgeschwächt. Gleichzeitig steigen Gas- und Staubdichte im Inneren dieser Wolken weiter an.

Bei hohen Dichten ist die Bildung des molekularen Wasserstoffs effizienter als seine Zerstörung durch das Strahlungsfeld. In der Wolke entsteht ein molekularer Innenbereich von etwa 1000 Teilchen pro Kubikzentimeter und mehr. Die molekularen Gebiete der Milchstraße sind daher zugleich die dichtesten Bereiche des Interstellaren Mediums. Die Riesenmolekülwolken mit Massen bis zu 10 Millionen Sonnenmassen, Dichten von einer Million Teilchen pro Kubikzentimeter und Temperaturen von 10 K sind neben den Kugelsternhaufen und den Satellitengalaxien die massereichsten Objekte in der Milchstraße. Sie sind die Geburtsstätte der Sterne.

5.7 Das Zwei-Phasen-Modell des Interstellaren Mediums

Der Druck des interstellaren Gases wird durch seine Dichte und seine Temperatur bestimmt. Ein Gas niedriger Dichte und hoher Temperatur kann den gleichen Druck ausüben wie ein anderes von hoher Dichte und niedriger Temperatur. Darauf beruht das sogenannte *Zwei-Phasen-Modell* des Interstellaren Mediums. HI-Wolken müssen im Druckgleichgewicht sein mit dem umgebenden Gas, dem *Zwischenwolkenmedium*. Wäre nämlich der Gasdruck in den Wolken kleiner als in der Umgebung, so würden sie komprimiert werden, bis wieder Druckgleichgewicht herrscht. Bei einem zu hohen Druck würden die Wolken expandieren, bis sich ihr Druck an die Umgebung angepaßt hat.

Der Druck des interstellaren Gases wird durch die *ideale Gasgleichung* festgelegt. Das heißt, zwei Gase haben den gleichen Druck, wenn das Produkt aus Teilchendichte n und Temperatur T dasselbe ist. Wenn eine Wolke dichter sein soll als das Zwischenmedium, muß sie also kühler sein, wenn die beiden Phasen den gleichen Druck besitzen sollen. Man spricht von der warmen und der kalten Phase.

Der Zustand unterschiedlicher Temperaturen kann aber nur aufrechterhalten werden, wenn die Heizungs- und Kühlprozesse, in jeder der beiden Phasen für sich, einander gerade kompensieren. Heizungs- und Kühlungsprozesse des interstellaren Gases setzen sich aus verschiedenen Einzelprozessen zusammen. Strahlung, sowohl die kosmische wie die von Sternen kommende, liefert Energie an das Gas. Dies sind die Prozesse der Heizung. Die Gasatome werden durch Stöße angeregt und strahlen die aufgenommene Energie danach wieder ab. Stoßprozesse kühlen also. Das tun sie um so häufiger, je dichter das Gas ist, denn dann stoßen mehr Atome zusammen. Bei höherer Dichte ist also die Kühlung effizienter als die Heizung. Deshalb bleiben dichte Wolken kühl und können mit dem dünnen, heißen Zwischenwolkenmedium im Gleichgewicht stehen. In beiden Phasen hat $n \times T$ ungefähr den Wert 1000 (wobei n in cm^{-3} und T in Kelvin gemessen wird). Im Zwischenwolkenmedium ist T etwa 10 000, n hat also den Wert 0,1.

Der Übergang von der warmen zur kalten Phase ist rapide. Wird die Dichte in der warmen Phase etwas erhöht, geht das sich abkühlende Gas schlagartig in die kühle Phase über und kommt erst bei höherer Dichte wieder ins Druckgleichgewicht mit dem Zwischenwolkenmedium. Auf diese Weise können sich kleine HI-Wolken bilden, die später zu großen Molekülwolken verschmelzen, in denen sich anschließend Sterne bilden können. Dieses Modell bietet eine einfache Erklärung für die bevorzugte Bildung von Sternen in den dichten Spiralarmgebieten der Milchstraße. In der Abbildung 5.10 ist das schematisch angedeutet.

5.8 Die turbulente Milchstraße

Das Zwei-Phasen-Modell verlor seine Bedeutung, als man in den Spektren ferner, massereicher Sterne die Absorptionslinien des fünffach ionisierten Sauerstoffs OVI entdeckte. Das Sauer-

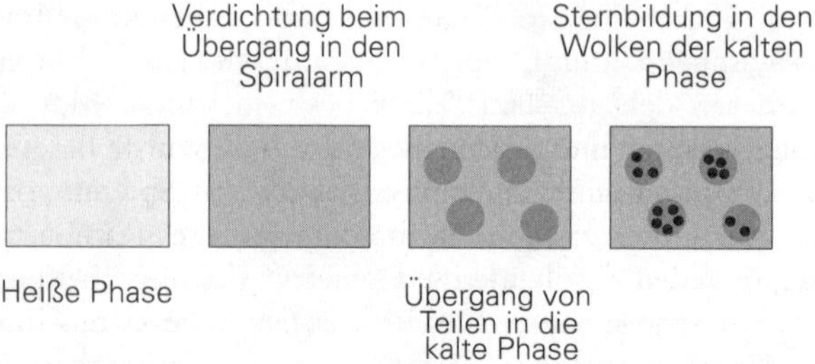

Abb. 5.10: Wird das Gas in der heißen, dünnen Phase komprimiert, wie es in der Milchstraße geschehen kann, wenn es in das Gravitationsfeld eines Spiralarmes gerät, so können Teile davon in die kalte, dichte Phase übergehen. In diesen dichteren Wolken wird die Materie gravitationsinstabil, und es entstehen Sterne.

stoffatom besteht aus einem Atomkern aus acht Protonen und acht Neutronen. Die positive Kernladung wird durch acht Elektronen kompensiert, die den Kern auf Bahnen verschiedener Radien umkreisen. Durch Stöße mit anderen Gasteilchen können Elektronen aus dem Atomverband des Sauerstoffs geschlagen werden, die äußeren leichter als die inneren. Das Atom wird ionisiert. Je höher die mittlere Teilchengeschwindigkeit, um so mehr Elektronen verliert jedes Sauerstoffatom, da beim Stoß eine größere Energiemenge zur Verfügung steht, die auch innere Elektronen herausschlagen kann. Da die Teilchengeschwindigkeit wiederum von der Temperatur des Gases abhängt, kann man aus der beobachteten Ionisation die Gastemperatur abschätzen. Den fünffach ionisierten Sauerstoff findet man in Gebieten mit Temperaturen von einer Million Kelvin.

Der Dopplereffekt zeigt uns, daß der beobachtete, hochionisierte Sauerstoff nicht zu den Sternen gehört, in deren Spektren wir ihn beobachten, sondern zum Interstellaren Medium. Die Absorptionslinien des überhitzten Sauerstoffs zeigen nämlich eine andere Radialgeschwindigkeit als die Absorptionslinien der Sternatmosphären. Sie können daher nicht in der Atmosphäre des Sterns entstanden sein, sondern weisen auf ein extrem heißes Gebiet im Interstellaren Medium hin, das sich zwischen dem Stern und dem Beobachter befinden muß. Solch hohe Gastemperaturen können aber durch das Zwei-Phasen-Modell nicht erklärt werden. Gibt es etwa noch eine dritte Phase?

Die Existenz einer sehr heißen Gasphase wurde bereits 1956 vom amerikanischen Astrophysiker Lyman Spitzer vorhergesagt. Im Jahre 1962 schloß der russische Radioastronom I. Shklovsky, daß solch heiße Gebiete tatsächlich bei einer Supernova-Explosion entstehen. Durch die hohe Explosionsenergie wird eine Stoßfront erzeugt, die sich mit Überschallgeschwindigkeiten von mehreren tausend Kilometern pro Sekunde in das umgebende Medium ausbreitet und das umgebende Gas in einer sich rasch vergrößernden Schale aufsammelt. Die Schale bildet den Rand einer sehr heißen Gasblase geringer Gasdichte und einer hohen Temperatur von 1 bis 10 Millionen Kelvin. Bei diesen Temperaturen sendet das Gas Röntgenstrahlung aus. Die Supernova-Explosion sprengt ein heißes, im Röntgenbereich sichtbares Loch in das Interstellare Medium.

5.8.1 Die lokale Gasblase

Wir selbst stehen mitten in solch einem Gebiet heißen interstellaren Gases. Die ersten Beobachtungen dazu wurden bereits 1962 an Bord einer mit Geigerzählern ausgerüsteten amerikanischen Rakete gemacht, die den Nachweis eines überraschend starken Röntgenstrahlen-Hintergrundes lieferte. Die Quelle dieser Strahlung war zunächst unklar. Erst als man die Absorptionslinien des OVI in den Spektren naher Sterne entdeckte, erkannte man den lokalen Ursprung der Röntgenstrahlung. Wir wissen heute, daß Röntgenstrahlung, die wir aus allen Himmelsrichtungen empfangen, tatsächlich in der Umgebung unserer Sonne erzeugt wird, in der sogenannten *lokalen Gasblase*, die eine Ausdehnung von etwa 100 pc hat.

Unser Sonnensystem durchquert anscheinend gerade eine Region der Milchstraße, die vor einer Million Jahren durch eine Supernova-Explosion gebildet und aufgeheizt wurde. Wir können den gewaltigen Einfluß dieses kosmischen Ereignisses heute noch direkt vor unserer Haustür beobachten. Tatsächlich hat man auch den stellaren Überrest der damaligen Supernova gefunden, einen noch sehr heißen und im Gamma- und Röntgenbereich strahlenden Neutronenstern, der den Namen *Geminga* erhielt. Er steht jetzt in einer Entfernung von 150 bis 400 pc. Die damalige Explosion muß aber in unmittelbarer Nähe der Erde, etwa in 50 pc Entfernung, stattgefunden haben. Wäre die Supernova noch etwas näher gewesen (innerhalb von 10 pc), so hätte sie die Erdatmosphäre und das damalige Leben auf der Erde zerstört. Unseren Vorfahren in der Altsteinzeit muß sie als ein gewaltiges Naturschauspiel mit der Helligkeit des Vollmonds erschienen sein.

5.8.2 Die heiße Korona der Milchstraße

Man hat auch Absorptionslinien des ionisierten Wasserstoffs gefunden, die in anderen, weiter entfernten, heißen Gasblasen der galaktischen Scheibe entstehen. Die gleichen Absorptionslinien wurden auch in den Spektren heller Sterne in der großen Magellanschen Wolke entdeckt. Da die Radialgeschwindigkeiten von denen der Absorptionslinien der Sterne der Magellanwolke verschieden sind, muß es sich um heißes Gas zwischen Galaxis und Magellanwolke handeln. Da sich diese außerdem nicht in der Äquatorebene der Milchstraße befindet, durchquerte ihr Licht hauptsächlich den galaktischen Halo. Daraus folgt, daß auch der galaktische Halo heißes Gas enthält. Es bildet die *Korona* der Galaxis.

Wie kommt das heiße Gas in den Halo? Da dort nur alte, massearme Sterne stehen, die nicht mehr als Supernova explodieren können, muß das Gas aus der Scheibe kommen und durch Sternexplosionen in den Halobereich geschleudert worden sein. Eine einzelne Supernova hat dazu jedoch nicht genügend Energie. Die von ihr erzeugte Gasblase würde nur Ausdehnungen von etwa 50 bis 100 pc erreichen, zu klein, um die 200 bis 300 pc dicke galaktische Scheibe aufzureißen.

Nun entstehen die Sterne aber meist in Gruppen. In solchen Haufen können aus massereichen Sternen bis zu 6000 Supernovae nahezu gleichzeitig explodieren. Eine solch gigantische Detonation erzeugt sogenannte *Superblasen* mit Ausdehnungen von einigen kpc. Da ihr Durchmesser größer ist als die Scheibendicke, wird die Scheibe an dieser Stelle zerstört. Ein großes Loch entsteht in der Scheibe, durch welches das heiße Gas aufgrund seines hohen Druckes ungehindert in den Halo abströmen kann. Man spricht vom *Schornsteineffekt* oder vom galaktischen Springbrunnen. Das heiße Gas der galaktischen Korona kühlt nach einiger Zeit wieder ab und kondensiert in HI-Wolken, die später mit hoher Geschwindigkeit in die Scheibe zurückfallen müssen. Tatsächlich findet man im galaktischen Halo vereinzelt solche *Hochgeschwindigkeitswolken.* Ob es sich hierbei tatsächlich um Gas handelt, das zuvor durch einen galaktischen Schornstein in den Halo geblasen wurde, oder ob es sich vielmehr um Gas von einfallenden, sich auflösenden Satellitengalaxien handelt, ist noch nicht geklärt.

Man schätzt den Volumenanteil der heißen, diffusen Gasphase in der galaktischen Scheibe auf 50 Prozent. Die einzelnen Superblasen verbinden sich zu einem Netz aus heißen Gasgebieten, das warmes Gas und kühle Wolken umgibt. In dieser ständig brodelnden „Suppe" aus heißem und kühlem Gas kann sich kein Wärmegleichgewicht einstellen. Das interstellare Gas durchläuft vielmehr Zyklen, in denen sich Aufheizung und Expansion abwechseln mit Kühlung, Kondensation und Kompression in Wolken. Dort entstehen neue Sterne, die das Gas durch spätere Supernova-Explosionen erneut aufheizen.

Im Mittel bewegt sich das Gas der galaktischen Scheibe auf Kreisbahnen um das Zentrum und kondensiert dabei mit einer über mehrere Milliarden Jahre konstanten Rate zu Sternen. Im Detail betrachtet, ist die Bewegung des Gases jedoch hochgradig chaotisch und turbulent. Eine befriedigende, quantitative Theorie dieses turbulenten Interstellaren Mediums liegt bisher nicht vor.

6. Die Dynamik der galaktischen Scheibe

Bisher haben wir den Aufbau der Milchstraße beschrieben, die differentiell rotierende Scheibe kennengelernt, mit ihren Spiralarmen und den alles einschließenden galaktischen Halo. Wir sind der Materie einmal in Form von Gas und Staub, dann wieder in Form von Sternen begegnet. Alle diese Komponenten beeinflussen einander.

Sterne und Interstellare Materie unseres Systems unterliegen der Gravitation, der einzigen bekannten Kraft mit langer Reichweite, welche die Milchstraße mit ihren riesigen Dimensionen von 100 kpc und mehr zusammenhalten kann. Das auf die Materie wirkende Kraftfeld wird durch ihre eigene Verteilung bestimmt. Verändert sich diese Materieverteilung aufgrund der Bewegung von Sternen und Gas, so verändert sich auch das Gravitationsfeld, das wiederum die Bewegung der Materie beeinflussen wird. Die *galaktische Dynamik* beschreibt das komplexe Wechselspiel zwischen der Materie und ihrem Gravitationsfeld.

6.1 Ein einfaches Modell der galaktischen Scheibe

Während sich die Galaxis bildete – in Kapitel 8 werden wir die gegenwärtigen Vorstellungen dazu genauer kennenlernen –, waren die Verteilungen von Gas, Staub und Sternen ständigen Veränderungen unterworfen. Dann bildete sich die Scheibe. Seitdem umrunden das Gas und die darin entstehenden Scheibensterne das galaktische Zentrum. Die Struktur des Systems ändert sich nur noch sehr langsam. In der Zeit, in der ein Stern das Zentrum umrundet, verändert sich praktisch nichts. Man spricht von einem *dynamischen Gleichgewichtszustand*.

Dafür wollen wir nun ein einfaches Modell entwerfen. Sterne und Gas der galaktischen Scheibe mögen sich auf Kreisbahnen um das Zentrum bewegen. Die beobachtete Umlaufgeschwindigkeit des Gases in Abhängigkeit vom Zentrumsabstand R ist in Abbildung 6.1 gezeigt. Die Masse in der

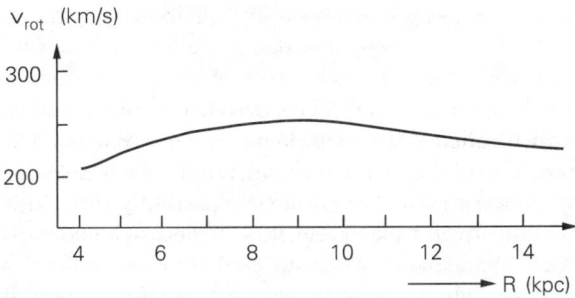

Abb. 6.1: Die Rotationsgeschwindigkeit des interstellaren Gases in den äußeren Teilen der Milchstraße.

Milchstraße ist demnach gerade so verteilt, daß das Gas durch ihr Gravitationsfeld über einen weiten Bereich der Scheibe auf Kreisbahnen mit Umlaufgeschwindigkeiten von etwa 200–250 km/s gezwungen wird. Zur weiteren Vereinfachung nehmen wir vorerst an, daß die Materie kugelsymmetrisch angeordnet ist. Die Bewegung wird von der Schwerkraft der gravitierenden Masse bestimmt, denn auf Kreisbahnen müssen Schwerkraft und Fliehkraft einander die Waage halten (siehe Kasten S. 86).

Innerhalb der Bahn der Sonne mit dem Radius $R = 8,5$ kpc sollte man nach Gleichung 6.1 nunmehr $8,5 \times 10^{10} \mathcal{M}_\odot$ erwarten. Dieser Wert entspricht in etwa der beobachteten Gesamtmasse an Sternen und Gas in der galaktischen Scheibe. Die Rotationskurve bleibt allerdings auch *außerhalb* der Sonnenbahn nahezu konstant, obwohl der Massenanteil der Stern- und Gaskomponente dort gering ist. Bereits bei 16 kpc weist die Rotationskurve auf eine Masse von $16 \times 10^{10} \mathcal{M}_\odot$ hin – doppelt soviel wie beobachtet! Im Milchstraßensystem gibt es offensichtlich mehr gravitierende Materie, als man beobachtet. Das ist das sogenannte Problem der *fehlenden Masse* (missing mass). Man bezeichnet diesen bisher nicht entdeckten Stoff als die *dunkle Materie*.

Liegt das Problem darin, daß die Gleichung (6.1) nur für kugelsymmetrische Massenverteilungen gilt? Mit Sicherheit ist die Annahme einer kugelsymmetrischen Massenverteilung der sichtbaren Materie nicht richtig. Gas und Sterne sind ja hauptsächlich in der flachen galaktischen Scheibe konzentriert. Die resultierende Gesamtkraft und damit die Rotationskurve hängen daher von der detaillierten radialen Dichteverteilung in der Scheibe ab und können in den meisten Fällen nur numerisch berechnet werden. Dabei zeigt sich, daß die Formel (6.1) in erster Näherung gültig bleibt und daß durch Fallenlassen der Annahme einer kugelförmigen Massenverteilung und Übergang zu einer scheibenförmigen das Problem der fehlenden Masse nicht gelöst wird. Auch hier sind zwar im inneren Bereich Bewegung und Materie vereinbar, doch reicht wiederum die sichtbare Materie im äußeren Bereich nicht aus, um die Umlaufgeschwindigkeiten zu erklären.

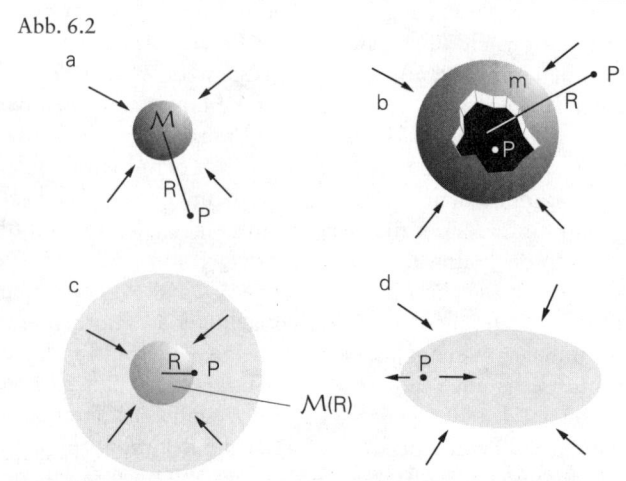

Abb. 6.2

Die Schwerkraft ausgedehnter Massenansammlungen

a: Eine kugelförmige Masse M übt auf einen Körper am Punkt P in der Entfernung R ihres Zentrums eine Kraft aus, die unabhängig vom Kugelradius ist. Nur M und R, nicht aber der Kugelradius, bestimmen die Kraft. Deshalb ist die Schwerkraft genauso groß, wie wenn die Kugelmasse in einem Punkt im Zentrum konzentriert wäre.

b: Eine Kugelschale der Masse m übt auf einen äußeren Punkt dieselbe Kraft aus wie eine Kugel der Masse m. In ihrem Inneren heben sich je-

Viele Astronomen glauben, daß die dunkle Materie irgendwo im Bereich des Halos verborgen ist. Wie groß dieser „dunkle" Halo ist, läßt sich nur schwer abschätzen, da es in den äußeren Bereichen nicht genügend Sterne und Scheibengas gibt, aus deren Bewegung die Rotationskurve bestimmt werden könnte. Die größte Satellitengalaxie der Milchstraße, die Magellansche Wolke, scheint allerdings ebenfalls mit 220 km/s das galaktische Zentrum zu umkreisen. Da ihr Bahnradius 50 kpc beträgt, müssen sich nach der Formel (6.1) innerhalb dieses Radius $5 \times 10^{11} \mathcal{M}_\odot$ befinden, etwa fünfmal mehr, als beobachtet wird. Die sichtbare Materie, aus der auch wir bestehen, ist wohl nur die Spitze eines Eisberges. Der größte Teil

---

doch die Anziehungskräfte ihrer einzelnen Teilmassen auf: das Innere ist schwerefrei.

c: Auf einen Punkt im Zentrumsabstand R im Inneren einer Kugel wirkt nur die Schwerkraft des Innenteils der Kugel, also die Summe $\mathcal{M}(R)$ aller Massenschalen, die näher beim Zentrum liegen. Die Anziehungskraft aller Außenschichten (hellgrau) kann man sich in Kugelschalen eingeteilt denken, die keine Schwerkraft auf ihr Inneres ausüben. Deshalb wirkt auf den Punkt nur die Schwerkraft der „Innenkugel" (dunkelgrau). Wäre die Massenverteilung der Galaxis kugelsymmetrisch, dann wäre die Rotationsgeschwindigkeit im Abstand R vom Zentrum ein Maß für die Masse weiter innen. Im Bereich, wo die Umlaufgeschwindigkeit der Sterne bei 220 km/s liegt, folgt dann aus dem Gravitationsgesetz

$$\mathcal{M}(R) = R \times 10^{10} \mathcal{M}_\odot. \tag{6.1}$$

Dabei ist der Zentrumsabstand R in kpc genommen.

d: In einem scheibenförmig abgeplatteten System trägt nicht nur die Massenverteilung innerhalb der Umlaufbahn eines Sterns zur Gravitationskraft bei, sondern auch die Materie außerhalb, die auf den Stern eine nach außen gerichtete Kraft ausübt. Da die Materie im Inneren mehr zur Scheibenebene hin konzentriert ist als im kugelsymmetrischen Fall, ist ihr mittlerer Abstand zum Stern kleiner. Die Gravitationsanziehung der innenliegenden Materie ist daher bei einer Scheibe größer als im kugelsymmetrischen Fall. Dieser Effekt wird aber teilweise durch die nach außen gerichtete Gravitationskraft des äußeren Scheibenteils kompensiert.

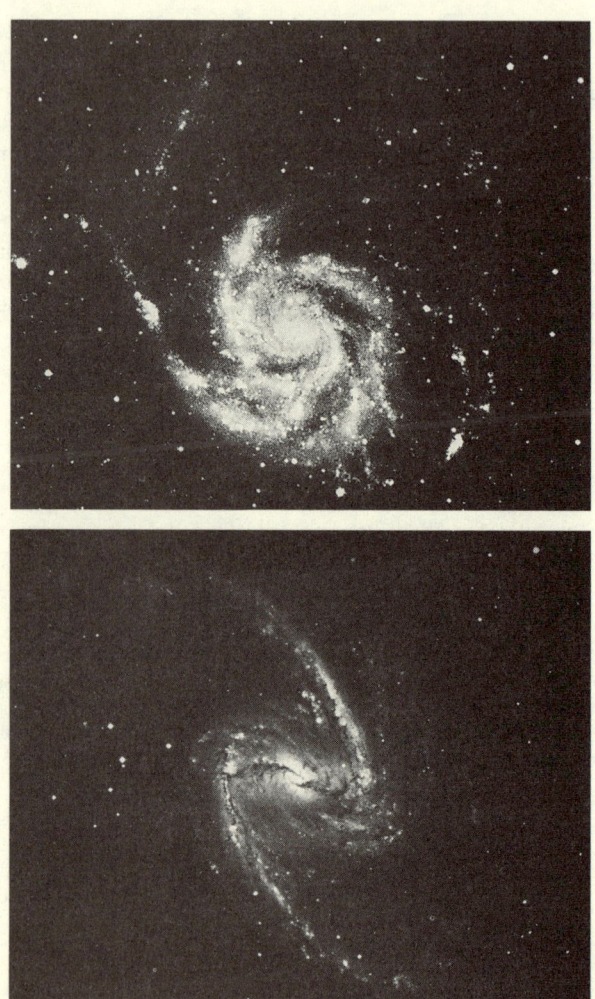

Abb. 6.3: *Oben*: Die Spiralgalaxie M101. Die einzeln erkennbaren Sterne stehen im Vordergrund in unserem Milchstraßensystem. Die Galaxie steht 4,6 Mpc dahinter. *Unten*: Die Balkengalaxie NGC1365 zeigt neben zwei Spiralarmen in ihrem Innenbereich einen deutlich ausgeprägten Balken (Aufnahme: ESO).

der Masse unserer Milchstraße liegt als dunkle Materie verborgen. Niemand weiß, woher sie kommt und woraus sie besteht.

6.2 Spiralwellen in galaktischen Scheiben

Die Spiralgalaxien mit ihren flachen Scheiben und ihren im Lichte junger Sterne hell erleuchteten Spiralarmen gehören zu den faszinierendsten und schönsten Objekten des Universums. Um 1920 ordnete Edwin Hubble die von ihm beobachteten Scheibengalaxien in zwei Klassen ein: normale Spiralgalaxien (S) und Balkenspiralen (SB). In Abbildung 6.3 ist für beide Typen je ein Beispiel gezeigt. Die S-Galaxien besitzen eine kugelförmige stellare Zentralkomponente, an die sich tangential die Spiralarme anschließen. Bei den SB-Galaxien ist die Zentralkomponente balkenförmig, Spiralarme schließen sich an den Enden des Balkens im rechten Winkel an.

Auf den ersten Blick scheint es kein Wunder zu sein, daß man in den Galaxien Spiralstrukturen erkennt. Auch ein Kaffee-Milch-Gemisch in der Tasse zeigt beim Umrühren spiralige Strukturen, weil die Flüssigkeit in verschiedenen Abständen von der Mitte verschieden rasch rotiert. So würde man erwarten, daß jede anfängliche Struktur in der Galaxis durch die unterschiedlichen Umlaufgeschwindigkeiten nach einiger Zeit spiralartig wird.

Die differentielle Rotation bräuchte etwa 100 Millionen Jahre, um aus einer ursprünglichen Struktur Spiralen zu bilden. Unser Milchstraßensystem ist aber 100mal so alt. Die ursprüngliche Struktur müßte sich inzwischen noch sehr viel weiter aufgewickelt haben. Wie die Rillen einer Langspielplatte müßten sich die Spiralen 100mal und mehr um das Zentrum winden. Das beobachten wir weder in unserem System noch in den anderen Galaxien. Die Spiralarme können also nicht für immer aus derselben Materie bestehen, die sich im Laufe der Zeit „aufwickelt".

Um 1940 hatte der schwedische Astronom Bertil Lindblad die bahnbrechende Idee, daß es sich bei den Spiralarmen um ein wellenartiges Phänomen handeln könnte, ähnlich den Schallwellen, die sich ausbreiten, ohne die Luft mitzunehmen. Eine doppelarmige, spiralförmige *Dichtewelle* wandert über die galaktische

Scheibe mit einer ihr eigenen Geschwindigkeit, ohne ihre Form zu ändern. Diejenigen Regionen des Interstellaren Mediums, die sie erfaßt, werden verdichtet und zur Sternentstehung angeregt. Nach einiger Zeit ist die Dichtewelle über dieses Gebiet hinweggewandert, und die Dichte verringert sich dort wieder. Die Spiralwelle erfaßt nun den nächsten Abschnitt der galaktischen Scheibe. Für den Beobachter, der sich mit der Welle mitbewegt, strömen Sterne und Interstellare Materie durch die Verdichtung, so wie eine Flamme durchströmt wird. Die Flamme ist ein *Zustand* des durch sie fließenden Gases, *der* Zustand, in dem es brennt. So ist auch ein Spiralarm der Zustand, in dem das interstellare Gas verdichtet ist und in dem deshalb neue Sterne entstehen können. Die neugeborenen sind zum Teil sehr hell. Ihr Licht und das der sie umgebenden Gase, die sie zum Leuchten anregen, lassen den Spiralarm hell erscheinen. Die neu entstandenen hellen Sterne sind sehr kurzlebig. Wenn sie den Spiralarm verlassen, haben sie ihren ursprünglichen Glanz schon wieder verloren.

6.3 Die Spiralstruktur unserer Milchstraße

Bisher wurde in erster Näherung angenommen, daß sich das Gas und die Sterne der galaktischen Scheibe auf Kreisbahnen um das Zentrum des Systems bewegen. Wie in Kapitel 5 beschrieben, kann man dann aus der dopplerverschobenen 21-cm-Linie des neutralen Wasserstoffs die Rotationsgeschwindigkeit des Gases in Abhängigkeit von der galaktischen Länge ℓ bestimmen. Um die Spiralstruktur erklären zu können, genügt aber die in den Abbildungen 5.6 und 6.1 gezeigte geglättete Rotationskurve nicht, die nur einen ungefähren Einblick in den Verlauf der Rotationsgeschwindigkeit in der Scheibe gibt. In Wahrheit ist alles wesentlich komplizierter.

In der Abbildung 6.4 sind gemessene Rotationsgeschwindigkeiten für Nord- und Südseite (vgl. den Kasten auf S. 35) getrennt aufgetragen. Man sieht sofort, daß die mittlere, glatte Kurve eine starke Vereinfachung ist. Zum einen sind die Rotationskurven von Nord- und Südseite nicht gleich, zum anderen lassen sie Unterstrukturen erkennen, die in der durchgezogenen

Kurve durch Mittelung verschwunden sind. Doch gerade diese Details helfen, die Spiralstruktur zu verstehen.

Wäre die Voraussetzung einer reinen Kreisbewegung des Gases streng erfüllt, so sollten beide Kurven identisch sein, da dann die Bewegung der Materie symmetrisch zum Zentrum wäre. Tatsächlich sieht man aber Abweichungen in der Größenordnung von 10–20 km/s. Dies ist ein erster Hinweis auf Rotationsstörungen in der galaktischen Scheibe und – wie wir sehen werden – auf die Existenz von Dichtewellen.

Eine Abweichung der Gaskinematik von reinen Kreisbahnen ist zunächst nicht weiter erstaunlich. Schließlich hatten wir bereits in Kapitel 5 den turbulenten Zustand des Interstellaren Mediums kennengelernt. Man sollte daher erwarten, daß die Gaswolken zufällig verteilte Eigengeschwindigkeiten von etwa 10 km/s besitzen können, die der globalen Rotationsbewegung des Interstellaren Mediums überlagert sind. In diesem Fall sollte aber die nördliche und südliche Rotationskurve zufällige, kleinräumige Schwankungen um die mittlere Rotationsgeschwindigkeit aufweisen, wobei die Längenskala dieser Fluktuationen von der Größenordnung der Wolkendurchmesser wäre, also etwa 10 bis 100 pc betragen würde. Die Abbildung 6.4 zeigt tatsächlich solche kleinräumigen Schwankungen in beiden Rotationskurven.

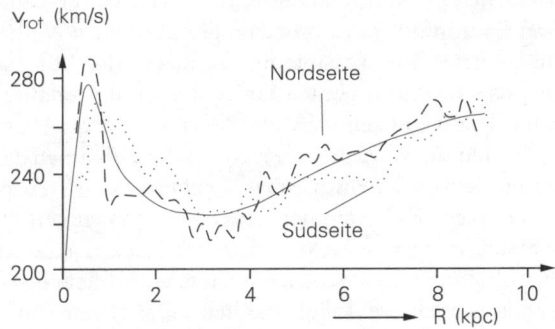

Abb. 6.4: Die Rotationsgeschwindigkeit der galaktischen Scheibe, getrennt nach Nord- und Südseite. *Punktiert*: die Rotationskurve der Südseite; *unterbrochen*: die der Nordseite; *durchgezogen*: die über Nord und Süd gemittelte Rotationsgeschwindigkeit der Abbildung 5.6 (nach R. P. Sinha).

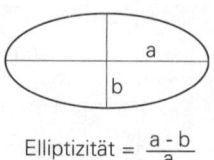

$$\text{Elliptizität} = \frac{a - b}{a}$$

Abb. 6.5: Die Definition der Elliptizität einer Ellipsenbahn. So, wie sie hier für Ellipsen definiert ist, läßt sich der Begriff der Elliptizität auf alle ovalen Kurven ausdehnen. Elliptizität ist einfach ein Maß für die „Langgestrecktheit" einer Bahn.

Es gibt aber auch großräumige Abweichungen der nördlichen von der südlichen Rotationskurve, die sich über mehrere kpc erstrecken. Auf der Südseite der galaktischen Ebene scheint das Gas zum Beispiel innerhalb von 4 kpc systematisch mit etwa 20 km/s schneller zu rotieren als auf der Nordseite. Weiter draußen ist es umgekehrt. Diese großräumige Asymmetrie kann nicht mehr durch lokale turbulente Phänomene erklärt werden. Sie weist auf eine *globale* Abweichung der Gasdynamik von einer reinen Kreisbewegung hin. Wir müssen daher unser früheres Modell der galaktischen Scheibe aufgeben und auch andere Bahnen zulassen, zum Beispiel Ellipsen. Jede Ellipse ist durch ihre große Halbachse a, ihre kleine Halbachse b und ihre Lage in der Scheibenebene bestimmt (vgl. Abb. 6.5). Kreisbahnen entsprechen dem Spezialfall $a = b$. Die ruhige, über viele Milliarden Jahre andauernde Sternentstehungsgeschichte der Milchstraße legt nahe, daß sich die globalen Eigenschaften der galaktischen Scheibe nach ihrer Entstehung kaum verändert haben. Diese Annahme schränkt die Wahl der möglichen Ellipsenbahnen des Gases stark ein. So würden diffuse Gaswolken auf sich kreuzenden Bahnen in kurzer Zeit zusammenstoßen und zu einer neuen Wolke verschmelzen, die dann eine andere Bahn einschlagen würde. Sich schneidende Bahnen wollen wir daher ausschließen.

Nun gibt es mehrere Möglichkeiten, eine Scheibe aus sich nicht schneidenden Ellipsenbahnen aufzubauen. Die Abb. 6.6 zeigt zwei wichtige Beispiele. Im ersten Fall besitzen alle Ellipsen dieselbe Orientierung und gleiche Achsenverhältnisse b/a. Solange a und b nahezu gleich groß sind, ähneln die Bahnen

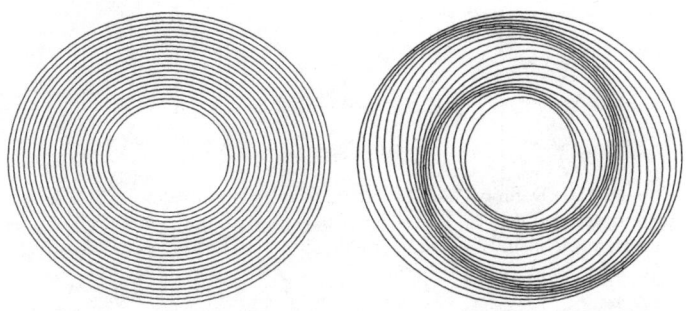

Abb. 6.6: *Links*: Eine Reihe von ineinanderliegenden äquidistanten Ellipsen. *Rechts*: Wenn man die einzelnen Ellipsen der linken Seite jeweils geringfügig gegeneinander verdreht, ergibt sich eine Spiralstruktur (nach Kalnajs, 1973).

Kreisen. Werden außerdem noch die großen Halbachsen der Ellipsen gegeneinander verdreht, so zeigt die Scheibe eine Spiralstruktur dort, wo die Ellipsenbahnen besonders eng zusammenliegen. Wenn aber b wesentlich kleiner wird als a, dann wird die Scheibe zu einem Balken verformt.

Bisher haben wir nur gezeigt, daß man mit einander ähnlichen Ellipsen balkenförmige und spiralartige Strukturen erzeugen kann. Haben Strukturen dieser Art irgend etwas mit der Scheibe unserer Milchstraße zu tun? Betrachten wir dazu zwei Sehstrahlen, die symmetrisch zum Zentrum auf die nördliche bzw. die südliche Seite der galaktischen Scheibe gerichtet sind (vgl. Abb. 6.7). Bei reinen Kreisbahnen liegt der Tangentialpunkt, der die maximale Radialgeschwindigkeit des Gases relativ zur Sonne bestimmt, auf beiden Seiten auf derselben Bahn und bei gleichem Abstand vom Zentrum. Die gemessene Rotationsgeschwindigkeit ist daher für beide Sehstrahlen dieselbe. Die Rotationskurven der beiden Quadranten sind identisch (vgl. Abb. 6.7, links). Bei elliptischen Bahnen dagegen liegen die Tangentialpunkte der beiden Sehstrahlen auf unterschiedlichen Ellipsenbahnen mit verschiedenen radialen Abständen vom galaktischen Zentrum. Die Gasgeschwindigkeit kann sich daher in den Tangentialpunkten unterscheiden, und die Rotationskurve ist dann asymmetrisch (vgl. Abb. 6.7, rechts).

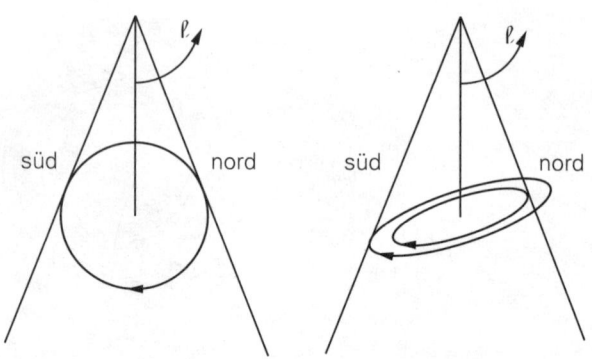

Abb. 6.7: Bewegt sich das Wasserstoffgas im Innenbereich der Scheibe auf Kreisbahnen (*links*), so beobachten wir vom Ort der Sonne aus bei gleichen galaktischen Längenabständen ℓ vom Zentrum nach der Nord- wie nach der Südseite dem Betrag nach gleiche Rotationsgeschwindigkeiten. Bewegt sich aber das Gas auf zur Blickrichtung gedrehten Ellipsen (*rechts*), so blicken wir bei gleichen Längenabständen vom Zentrum in Nord- und Südrichtung auf die Tangentialpunkte verschiedener Ellipsen und beobachten verschiedene Radialgeschwindigkeiten.

Beobachtungen mit Sehstrahlen verschiedener Richtungen liefern die Rotationsgeschwindigkeit und die Nord-Süd-Asymmetrie in Abhängigkeit von ℓ. Daraus lassen sich die Lagen der Ellipsen und ihre Achsenverhältnisse für jeden Abstand R berechnen. Es zeigt sich, daß die Bahnen des Gases in den inneren 3 kpc der Scheibe stark elliptisch und dort die Ellipsen nicht verdreht sind, ähnlich wie in der Abbildung 6.6, links, allerdings mit dem kleineren Achsenverhältnis $b/a = 0{,}4$. Aus der Theorie der Gravitation weiß man, daß das Schwerefeld einer langgestreckten, zigarrenförmigen Materieansammlung solche Bahnen ermöglicht. Dies ist ein Hinweis darauf, daß unsere Milchstraße im Inneren einen aus Sternen bestehenden Balken beherbergt, wie wir ihn von den Balkengalaxien kennen. Außerhalb der inneren 3 kpc verdrehen sich die Ellipsen und erzeugen, ähnlich wie in Abb. 6.6, rechts, eine spiralförmige Doppelwelle erhöhter Dichte. Das Spiralmuster unserer Milchstraße wird sichtbar!

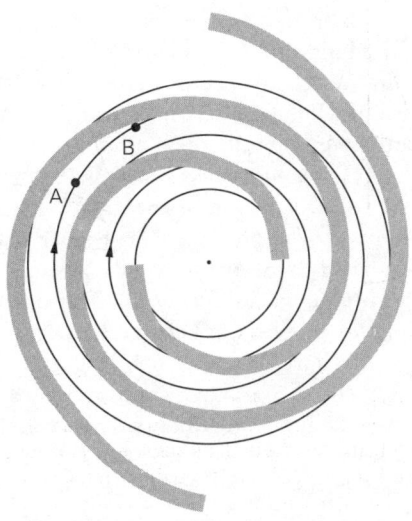

Abb. 6.8: Wie Spiralarme das umlaufende Gas stören und sich dabei als Verdichtungen selbst erhalten, ist im Text erläutert.

6.4 Die Dynamik der Dichtewellen

Man weiß bis heute nicht, wie die Dichtewellen der Spiralgalaxien entstanden sind. Man glaubt aber den Mechanismus zu verstehen, der Dichtewellen nach ihrer Entstehung über viele Umlaufperioden aufrechterhält, ohne daß sich ihre geometrische Struktur wesentlich ändert. Es ist die Dichtewelle selbst, die sich durch ihren gravitativen Einfluß auf die Umgebung laufend selbst erneuert.

Betrachten wir dazu in Abb. 6.8 eine Gaswolke in der galaktischen Scheibe, die zunächst ungestört auf einer Kreisbahn laufen möge. Im Punkt A ist die Wolke gleich weit von beiden Armen der Dichtewelle entfernt, und deren gravitativer Einfluß auf die Bewegung der Wolke hebt sich gerade auf. Im Punkt B ist die Wolke auf ihrer Bahn um das Zentrum jedoch dem äußeren Spiralarm näher gekommen. Dieser übt nun eine merkliche Gravitationskraft auf die Wolke aus und zieht sie etwas nach außen, die Bahn der Wolke wird elliptisch verformt, so wie wir es in Abschnitt 6.3 bereits vorausgesetzt haben. Da der Spiralarm die ihn durchströmende Materie nach außen zieht, verringert sich ihre Umlaufgeschwindigkeit. Die Materie staut sich, ihre Dichte ist im Spiralbereich erhöht. Die Gravitationskraft dieser Verdichtung stört wiederum die Bahn der nachfolgenden Materie so, daß diese sich ebenfalls verdichtet. Ist der Spiralarm durchlaufen, zieht er das Gas wieder etwas nach innen, das Gas umläuft das Zentrum wieder etwas rascher, es ist durch den Stau hindurch. So wiederholt sich das Spiel, durch das sich der Spiralarm selbst am Leben erhält.

Wenn das interstellare Gas, das sich in der heißen, dünnen Phase befindet, in einem Spiralarm verdichtet wird, gehen Teile davon in die kalte, dichte Phase über (vgl. Abb. 5.10). In diesen Verdichtungen können Teilbereiche gravitativ instabil werden (vgl. Abschnitt 4.1), es entstehen Sterne. Die massereichsten unter ihnen illuminieren mit ihrem ultravioletten Licht das interstellare Gas des Spiralarms.

Wir haben oben gelernt, daß wir Scheiben von beständiger Struktur erhalten können, wenn sich das Gas auf sich nicht überschneidenden Ellipsenbahnen bewegt. Wir haben außerdem in der Abbildung 6.6 plausibel gemacht, daß solche Bahnen Spiralstrukturen erzeugen können, wenn die Ellipsen gegeneinander verdreht sind. Wir haben gesehen, daß eine spiralige Dichtewelle durch ihre Gravitation die Bahn des Gases verformen kann. Wenn nun die Spiralwellen gerade solche Ellipsenbahnen erzeugen, die in ihrer Gesamtheit das Spiralmuster reproduzieren, dann halten sich die Dichtewellen durch die Strömungen, die sie erzeugen, selbst aufrecht: Eine langlebige Spiralstruktur hat sich eingestellt. Mit Methoden der mathematischen Störungstheorie läßt sich strenger zeigen, daß es solche sich selbst erhaltenden Spiralmuster geben kann.

6.5 Die Dynamik der Sternscheibe

Die Dynamik der Sternscheibe unterscheidet sich von der des Interstellaren Mediums, da die Sterne so kleine Radien haben, daß sie praktisch nie miteinander zusammenstoßen können. Während die diffusen Gaswolken durch Zusammenstöße auf sich nicht kreuzende Bahnen in der Äquatorebene gezwungen werden, gibt es keinen Mechanismus, der einen Stern in solche Bahnen zwingt, wenn er einmal davon abgelenkt worden ist. Dies führt dazu, daß sich die der mittleren Rotation der Scheibe überlagerten Eigenbewegungen der Sterne durch lokale Schwankungen im Gravitationsfeld – etwa beim Vorbeiflug an einer großen Molekülwolke – laufend erhöhen. Damit wächst auch ihre Geschwindigkeit senkrecht zur Scheibenebene an, welche die Sterne weiter aus der Scheibe heraustreibt. Diese Erscheinung wird auch wirklich beobachtet. So wächst die Scheibendicke mit zunehmendem Alter der Sternpopulation an. Ältere Sternpopulationen haben so hohe Eigengeschwindigkeiten, daß sie nicht nur weiter aus der galaktischen Ebene herausfliegen können, sondern auch die Gravitationswirkung der Spiralwellen nicht mehr spüren. Alte Sternpopulationen zeigen keine Spiralstruktur mehr.

7. Das Zentrum der Milchstraße

Was finden wir im Zentrum unseres Sternsystems? Wie sieht die Stelle aus, um die sich alles dreht? Da wir mit der Sonne mitten in der Scheibe sitzen, verdecken dichte Staubwolken im sichtbaren Bereich den Blick dorthin. Die Absorption schwächt das Licht um 30 Größenklassen. Das heißt, von einer Billion Photonen im sichtbaren Licht erreicht uns nur eines. So bleibt das Zentrum unseres eigenen Systems dem Auge verborgen, während wir fernen Galaxien mitten ins Herz schauen können, wenn wir in hohen galaktischen Breiten beobachten. Denn dann blicken wir aus der dünnen Staubschicht, wie sie etwa in der Abbildung 5.9 gezeigt ist, hinaus. Oft können wir dann „von oben" in das Zentrum einer fernen Galaxie schauen, da dann auch ihre Staubschicht nichts verdeckt.

7.1 Langwellige Strahlung aus dem Zentrum

Infrarotes Licht kann unsere Staubscheibe durchdringen, erst im Bereich von Tausendstelmillimetern Wellenlänge erkennt man am Ort des Zentrums einen hellen Fleck, einen zentralen Sternhaufen roter Riesensterne. Doch auch da wird das Bild durch nahe beim Zentrum stehende Molekülwolken gestört. Trotzdem lassen sich im Infraroten und noch mehr im Radiobereich Einzelheiten erkennen. Wie Atome strahlen auch die Moleküle bei für sie charakteristischen Wellenlängen. Das Formaldehyd (H_2CO) hat zum Beispiel eine Linie bei 2 mm. Der Dopplereffekt der Moleküllinien im infraroten Licht läßt die Geschwindigkeitsverhältnisse der Gasmassen bestimmen.

Nicht nur Moleküle besitzen Spektrallinien im langwelligen Bereich, auch der neutrale Wasserstoff. Wir haben in Abschnitt 5.2 den Aufbau des neutralen Wasserstoffatoms behandelt, seine Energieniveaus und seine Wechselwirkung mit Strahlungsquanten. Seine Elektronen senden beim Übergang in den niedrigsten Energiezustand im Ultravioletten wie auch beim Übergang in das zweitniedrigste Niveau im sichtbaren Bereich, sie senden bei Übergängen zwischen hohen Energiezuständen im Infraroten und im Radiobereich Quanten aus. Wenn ein Elektron zum Beispiel vom 67. zum 66. Niveau springt, sendet es ein Photon der im Radiobereich liegenden Wellenlänge von 1,3 cm aus. Auch die Radiostrahlung von Atomen und Molekülen dient zur Erforschung des Bereiches um das galaktische Zentrum.

7.2 Der galaktische Bulge

Beobachtungen von Spiralnebeln zeigen, daß diese in ihren Zentralbereichen ein System von dicht stehenden Sternen besitzen, den sogenannten *Bulge* (spr. „Baltsch"). In den Balkenspiralen ist er zigarrenförmig verformt, in den anderen ist er abgeplattet und axialsymmetrisch. Vom Bulge der Galaxis wissen wir verhältnismäßig wenig, da er sich hinter einer dicken Schicht von Gas und Staub verbirgt. Doch der Astronom Walter Baade entdeckte ein Loch in diesem Vorhang, durch das er im Jahre 1945 erstmals Sterne im Bulge untersuchen konnte. Noch heute heißt diese besonders absorptionsfreie Blickrichtung am Himmel „Baades Fenster".

Baade entdeckte dort Dutzende von RR-Lyrae-Sternen, woraus er schloß, daß der Bulge aus Sternen der Population II besteht – genauso wie der Halo. Heute wissen wir, daß der Bulge aus alten Sternen besteht, zwar etwas jünger als die Halosterne, aber älter als die der Scheibe.

Es überraschte die Astronomen, als sie merkten, daß diese alten Sterne reich an schweren Elementen sind. Während der Anteil an schweren Elementen bei Halosternen wesentlich geringer ist als in der Sonne, ist er in den Bulge-Sternen sogar noch höher als in ihr. Der Bulge hat bei der Entwicklung der Galaxis eine eigenständige, wenn auch heute noch nicht verstandene Entwicklung durchgemacht. Er enthält 20% der gesamten sichtbaren Masse. Die Sterne im Bulge sind älter als die in der Scheibe. Sie wurden aber schon mit einem hohen Gehalt an schweren Elementen geboren. Vor ihrer Entstehung muß also der Bulge eine sehr rapide Anreicherung erlebt haben.

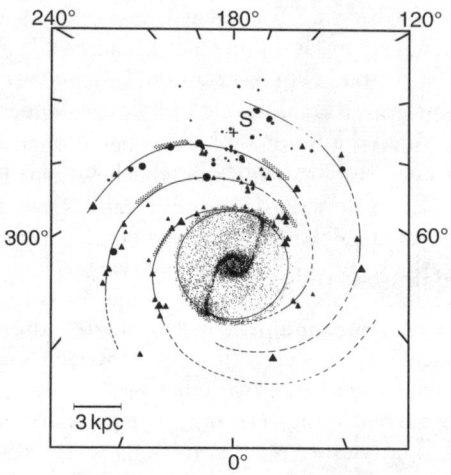

Abb. 7.1: Schematischer Überblick über die Milchstraßenscheibe. Der Ort der Sonne ist mit *S* und einem Kreuz gekennzeichnet. Dreiecke und Kreise im äußeren Bereich sind HII-Regionen, also Orte junger Sterne, die das umgebende Gas zum Leuchten anregen. Sie liegen in den angedeuteten Spiralarmen. Die punktierten Streifen geben Orte maximaler HI-Strahlung an. Im Innenbereich ist die Sterndichte durch Punkte angedeutet. Die detaillierte Dichteverteilung dort ist das Resultat einer numerischen Rechnung. Dabei wurden Beobachtungen des zentralen Balkens berücksichtigt. Das Modell dort ist selbstkonsistent, das heißt, die Sterne bewegen sich im Gravitationsfeld gerade so, daß ihre Dichteverteilung dieses Gravitationsfeld erzeugt (nach Mezger, Duschl und Zylka).

Neuere Sternzählungen weisen darauf hin, daß der Bulge unserer Milchstraße eine Zigarrenform besitzt, wie man sie von den Balkengalaxien her kennt (vgl. Abb. 7.1). Deshalb werden wir im folgenden statt des englischen Wortes Bulge das Wort Balken benutzen.

7.3 Die innersten Kiloparsec

In den äußeren Teilen der Milchstraße stören vor allem die Spiralarme die Umlaufbewegung von Sternen und Gas. Weiter innen sorgt der Balken für die Abweichung von der Axialsymmetrie. Das macht sich bei *dem* Zentrumsabstand bemerkbar, bei dem die äußere Spiralstruktur endet. Bei diesem Radius können sich aus dynamischen Gründen die Störungen in den Bahnbewegungen aufschaukeln. Das ist die sogenannte *Lindblad-Resonanz*. Sie tritt in unserem System bei Sternen auf, die sich in etwa 3 kpc Abstand vom Zentrum bewegen. Die Bahnen, die dieses Gebiet durchlaufen, sind instabil. Dementsprechend findet man in diesem Ringbereich weniger Sterne. Auch die Dichte der Interstellaren Materie ist geringer als in den Nachbargebieten. Man findet auch keine jungen Sterne; innerhalb der letzten Millionen Jahre scheinen dort keine neuen Sterne entstanden zu sein. Erst weiter innen, bei einem Abstand von etwa 1,4 kpc, steigt die Dichte der Sterne wieder an. Bei etwa 200–300 pc wächst sie noch einmal sprunghaft (vgl. Abb. 7.2, oben). Dieser Anstieg wird besonders deutlich, wenn man die Intensität der Radio- und Infrarotstrahlung vom Zentrum aus nach beiden Seiten zu höheren galaktischen Breiten hin mißt.

Innerhalb der innersten 300 pc unseres Systems hat man etwa $10^8 \mathcal{M}_\odot$ in Form von Molekülgas. Dort wird nun auch die störende Wirkung des Balkens immer unwichtiger. Die Sterne und die Interstellare Materie bewegen sich in elliptischen oder in kreisförmigen Bahnen. Wie in Abschnitt 6.1 kann man daraus auf die Masse schließen, die im innersten Teil des Zentralgebietes verborgen ist und welche die Materie der innersten 300 pc auf ihre Bahnen zwingt.

Die Absorptionslinien der Sterne des zentralen Sternhaufens verraten die Umlaufgeschwindigkeiten. Im Abstand von etwa 300 pc mißt man Geschwindigkeiten von etwa 220 km/s. Damit können wir wieder die Formel (6.1) verwenden. Setzten wir jetzt den Zentrumsabstand $R = 300$ pc = 0,3 kpc ein, so erhalten wir $\mathcal{M}(R) = 3 \times 10^9 \mathcal{M}_\odot$. Das sind einige Prozent der Masse des gesamten Milchstraßensystems! Die Sterndichte ist dort 10 000mal so hoch wie in der Sonnenumgebung. Innerhalb von 3 pc lassen die Geschwindigkeiten immer noch auf eine Masse von $1,6 \times 10^7 \mathcal{M}_\odot$ schließen. Man schätzt, daß der molekulare Wasserstoff dort Dichten bis zu $10^4 \mathrm{cm}^{-3}$ erreicht.

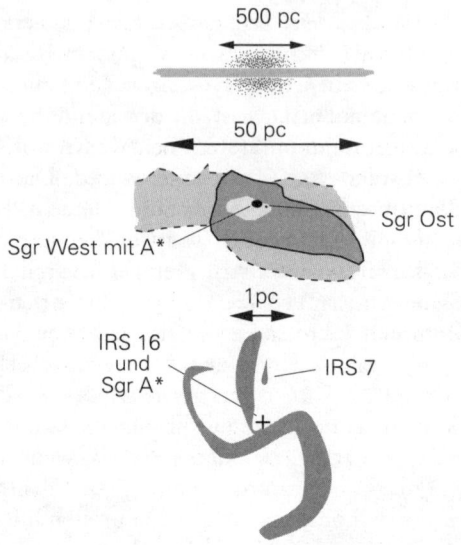

Abb. 7.2: *Oben*: Schematischer Seitenanblick des Innenteils der Galaxis mit Scheibe und zentralem Balken (Bulge). *Mitte*: Die Quelle Sgr A mit Umgebung. Inmitten von mehreren Molekülwolken stehen die Radioquellen Sgr A Ost und Sgr A West. *Unten*: Sgr A West enthält die Quelle Sgr A*, wahrscheinlich ein Schwarzes Loch im Zentrum der Milchstraße. Dort stehen auch zahlreiche Infrarotquellen. Die Sterngruppe IRS 16 bläst Materie in den Raum. Von dem Infrarotstern IRS 7 abströmendes Gas wird durch den von IRS 16 ausgehenden Wind so abgelenkt, daß die Quelle in den Radiobildern Tropfenform zeigt. Sgr A* bestreitet seine gegenwärtige Abstrahlung wahrscheinlich durch den aus diesem Sternwind einfallenden Materiestrom.

Die zentralen Molekülwolken scheinen in ein heißes Gas eingebettet zu sein, denn man hat im Röntgenbereich Linien des Eisens entdeckt, dessen Atome von ihren 26 Elektronen der Hülle nur noch zwei besitzen. Das läßt auf Temperaturen von nahezu 10^8 K und Dichten von etwa 0,05 Wasserstoffatomen pro cm^3 schließen, sie erinnern uns an die OVI-Linien des heißen koronalen Gases (vgl. Abschnitt 5.8.2). Die dichten, kühlen Molekülwolken schwimmen offensichtlich in einem heißen, ionisierten, dünnen Gas, das mit Magnetfeldern gekoppelt ist (vgl. Abschnitt 4.1). Radiobeobachtungen lassen Gasblasen erkennen, die, geführt von Magnetfeldern, aus dem Zentralgebiet senkrecht zur Scheibenebene aufsteigen, ähnlich den Protuberanzen der Sonnenoberfläche. Von der Sonne her wissen wir, daß solche Magnetfeldkonfigurationen Wasserstoffwolken in der Sonnenatmosphäre schweben lassen und daß sie für den sogenannten Sonnenwind, der von der Sonne in das Planetensystem strömt, verantwortlich sind. So ist es denkbar, daß ein Teil der vom Balken in das Zentralgebiet gewirbelten Materie senkrecht zur galaktischen Scheibe nach beiden Seiten wieder entweicht. Die starken Dichtekonzentrationen in den Molekülwolken legen den Gedanken nahe, daß dort besonders viele Sterne entstehen müßten. Das ist aber nicht der Fall, wahrscheinlich weil innere turbulente Bewegung und Magnetfelder die Wolken am Zusammenstürzen hindern.

7.4 Die Quelle im Sternbild des Schützen

Nähern wir uns nun weiter dem Zentrum. Die innersten 100 pc senden starke Radiostrahlung aus. Tatsächlich hat man die aus dem Weltall kommende Radiostrahlung zuerst an der starken Emission des galaktischen Zentrums bemerkt. Inzwischen können die Radioastronomen das Gebiet mit hoher Auflösung untersuchen. Man fand, daß die zentrale Radioquelle aus mehreren Teilkomponenten besteht (vgl. Abb. 7.2, Mitte). Innerhalb der innersten 10 pc steht die Radioquelle Sagittarius A (Sgr A). Neben der Radiostrahlung erhalten wir von dort auch infrarotes Licht, das von punktförmigen Objekten, wahrscheinlich von Sternen, kommt. Sgr A besteht wiederum aus zwei Komponenten, den Quellen Sgr A West und Sgr A Ost. Die letztere sendet (nichtthermische) Radiostrahlung aus, charakteristisch für die Strahlung von Supernova-Überresten. Dagegen sendet Sgr A West Wärmestrahlung aus. Sie sitzt mitten in einer dichten, turbulenten Scheibe aus Molekülgas. Etwa eine Lichtwoche (0,006 pc) von Sgr A West entfernt findet man 450 Infrarot-Punkte. Die Sterne im Zentrum scheinen aus zwei Gruppen zu bestehen: Aus alten Sternen der Population II und, stark im Zentrum konzentriert (0,1 bis 0,2 pc Abstand), aus Sternen, die offensichtlich erst vor kurzer Zeit entstanden sind. Dort steht die Mitte der 70er Jahre entdeckte Radioquelle Sgr A* (Abb. 7.2, unten). Ihr Radiospektrum ähnelt dem der Kerne anderer Galaxien. Sie ändert ihre Helligkeit im Laufe von mehreren Monaten unregelmäßig, ein typisches Zeichen dafür, daß die Quelle nicht viel größer sein kann als ein halbes Lichtjahr. Wäre sie nämlich merklich größer, dann müßten Intensitätsänderungen, die von verschiedenen Stellen der Quelle kommen, über einen längeren Zeitraum verschmiert sein, da das Licht von den verschiedenen Stellen zu uns verschieden lange unterwegs ist. Mit größter Wahrscheinlichkeit steht Sgr A* genau im Zentrum der Bewegung unseres Milchstraßensystems.

Von diesem Zentralteil aus scheinen mehrere spiralartige Strukturen ionisierten Wasserstoffs in den Raum hinauszugehen. Sie haben aber nichts mit den Spiralarmen unseres Milchstraßensystems zu tun, sie sind keine Dichtewellen.

7.5 Im Zentrum ein Schwarzes Loch?

Was ist nun das Zentrum, das uns als die Quelle Sgr A* erscheint? Wir hatten schon gesehen, daß die Geschwindigkeit der auf Kreisbahnen laufenden Sterne auf eine Masse von mehr als $10^7 M_\odot$ innerhalb der innersten 10 pc schließen läßt. Doch um die Masse abzuschätzen, muß man sich nicht unbedingt auf umkreisende Objekte stützen. Der zentrale Sternhaufen enthält auch Sterne auf langgestreckten Ellipsenbahnen, die sich dem gravitierenden Zentrum nähern, um danach wieder nach außen geschleudert zu werden. Da sie der Zentralmasse immer wieder einmal sehr nahekommen, enthalten ihre Bahnen und damit auch ihre Geschwindigkeiten Informationen über die detaillierte Massenverteilung der innersten Gebiete. Mit diesen stellardynamischen Überlegungen kommt man auf ein wahrscheinlich punktförmiges Objekt von $2-3 \times 10^6 M_\odot$, dessen Position innerhalb der Meßfehler mit der von Sgr A* übereinstimmt. Was also steht dort? Es scheint nur eine Erklärung zu geben: ein Schwarzes Loch, das die Bewegung von Sternen und interstellarem Gas beherrscht.

Daß es Schwarze Löcher geben kann, folgt aus der Allgemeinen Relativitätstheorie. Bei ihnen ist die Masse eines Körpers auf hohe Dichte zusammengepreßt. Das wäre zum Beispiel der Fall, wenn die Masse der Sonne auf eine Kugel vom Radius von weniger als 3 km, ihren *Schwarzschildradius*, komprimiert wäre. Dieser kritische Radius ist proportional zur Masse der im Schwarzen Loch gefangenen Materie. Für einen Körper von 10^6 Sonnenmassen beträgt er 3×10^6 km und liegt damit im Bereich von $0{,}0000001$ pc.

Steht im Zentrum der Galaxis ein Schwarzes Loch von 10^6 Sonnenmassen? Genaue Messungen des Winkeldurchmessers von Sgr A* zeigen, daß die Strahlung aus einem Bereich kommt, der weit unter dem Abstand Sonne–Jupiter liegt. Von den Zentren anderer Galaxien weiß man, daß sie Quellen unvorstellbar starker Energieausbrüche sein können. Die Kerne dieser *aktiven Galaxien* strahlen mit der Leistung von einigen 10^{41} Watt. Das entspricht der tausendfachen Leuchtkraft der ganzen Galaxis! Oft gehen nach entgegengesetzten Richtungen aus dem Zentrum scharf gebündelte Gasstrahlen in den Raum, die sich über Hunderte von kpc erstrecken können. Sie kommen jedoch aus ganz kleinen Gebieten, die im Bereich von unter einem pc liegen. Man kann sich solche Energieausbrüche mit der heute bekannten Physik nur dadurch erklären, daß Materie dort in ein Schwarzes Loch fällt. Ehe sie nämlich darin verschwindet und keine Strahlung von ihr mehr nach außen kommen kann, erhitzt sie sich und strahlt Energie ab. Fiele eine Wasserstoffwolke in ein Schwarzes Loch, so würde sie noch kurz vor ihrem Verschwinden wesentlich mehr Energie abstrahlen, als bei der Fusion ihres Wasserstoffs zu Helium frei werden würde. Strömen pro Jahr etwa 10^{33} g (also etwa die Masse der Sonne) in das Schwarze Loch, so genügte das bereits, um die hochenergetischen Phänomene in den Kernen der aktiven Galaxien zu erklären.

Warum aber zeigt das Zentrum unserer Galaxis keine solchen Energieausbrüche? Wahrscheinlich fällt im Augenblick keine Materie in das Zentrum. Wenn aber irgendwann einmal eine der großen Molekülwolken im Zentralgebiet dem Zentrum zu nahe kommt, dann können Teile von ihr in das Schwarze Loch gezogen werden, gewaltige Energiemengen werden frei, das galaktische Zentrum wird aktiv. Wir beobachten im Raum tatsächlich neben den aktiven Galaxien auch solche, die wie unser System einen ruhigen Kern haben. Unsere Nachbargalaxie, der Andromedanebel, enthält vielleicht auch solch ein „hungerndes" Schwarzes Loch, das nur darauf wartet, von einer vorbeikommenden Gaswolke wieder gefüttert zu werden, um die dann einfallende Materie vielleicht heller strahlen zu lassen als die hundert Milliarden von Sternen, die es umkreisen.

8. Wie entstand die Milchstraße?

Die Entstehungsgeschichte der Milchstraße ist in den Sternen archiviert. Das interstellare Gas ist durch seine Wechselwirkung mit ihnen ständigen kinematischen und chemischen Veränderungen ausgesetzt. Jeder neu gebildete Stern speichert in seiner Bahnbewegung die kinematischen Eigenschaften und in seiner Materie die chemischen Eigenschaften der Gaswolke, aus der er entstanden ist. Anfangs hat der ganze Stern, und später haben dann noch immer seine Außenschichten, vor allem die Atmosphäre, die gleiche chemische Zusammensetzung wie die ursprüngliche Materie. Sein Spektrum verrät uns nicht nur die Art der chemischen Elemente, die Stärken der Linien gestatten es uns auch, das Mengenverhältnis der einzelnen chemischen Elemente in den Sternatmosphären zu bestimmen. So geben uns die Sterne einen Einblick in den chemischen Entwicklungszustand der Galaxis in ihrer Vergangenheit. Wir erfahren von ihnen auch die räumliche Struktur und Kinematik des Systems von damals.

8.1 Die „Metallizität" der Sterne

Die chemische Zusammensetzung der Sterne enthält Informationen über die Entstehungsgeschichte der Milchstraße. Vor allem kommt es auf die Häufigkeiten der schwereren, schon in früheren Generationen von Sternen prozessierten Elemente an. Sie sind in den Spektren an den Absorptionslinien der Metalle erkennbar. Deshalb sprechen die Astronomen meist von „metallarmen" und „metallreichen" Sternen, wenn sie in Wahrheit Sterne meinen, die arm oder reich an schwereren chemischen Elementen sind. Man nimmt dabei stillschweigend an, daß das Verhältnis aller schwereren Elemente untereinander von Stern zu Stern etwa gleich ist.

Wie wir noch sehen werden, ist diese Annahme nicht immer gerechtfertigt. Unterschiede in den Elementverhältnissen enthalten Hinweise über die frühe galaktische Entwicklung.

Die Metallizität

Um die Häufigkeit der höheren Elemente zu quantifizieren, hat man den Begriff der *Metallizität* eingeführt. Als repräsentativ für die Metalle wählt man das Eisen (Fe). In der Sonnenatmosphäre kommen auf ein Eisenatom 25 000 Wasserstoffatome (H), also gilt für die Anzahlen N_{Fe}, N_H der Atome $(N_{Fe}/N_H)_\odot = 4 \times 10^{-5}$. Die Metallizität vergleicht das Häufigkeitsverhältnis eines Sterns (∗) mit dem der Sonne (⊙). Man bezeichnet die Metallizität mit $[Fe/H]$ und definiert sie als

$$[Fe/H] = \log\left(\frac{(N_{Fe}/N_H)_*}{(N_{Fe}/N_H)_\odot}\right). \qquad (8.1)$$

Negative (positive) Werte von $[Fe/H]$ bedeuten also, daß der Metallanteil kleiner (größer) ist als der in der Sonnenatmosphäre. Sterne mit $[Fe/H] < -1$ heißen *metallarme Sterne*.

In der Definition (8.1) wurde die Metallizität mit Hilfe der *Zahlenverhältnisse* der Atome von Fe und H in Stern und Sonne definiert. Man überzeugt sich leicht, daß man denselben Wert für $[Fe/H]$ erhält, wenn statt dessen rechts die *Gewichtsverhältnisse* eingesetzt werden.

8.2 Das ELS-Bild: Galaxienentstehung im schnellen Kollaps

Es war ein großer Erfolg, als Walter Baade 1944 erkannte, daß man die beobachteten Sterne in zwei kinematisch unterschiedliche Klassen einteilen kann (vgl. Abschnitt 3.2). Während die Sterne der Population I die typischen Eigenschaften einer schnell umlaufenden Scheibenkomponente zeigen, nehmen die Sterne der Population II, die Halosterne, nicht an der Rotation der Scheibe teil. In den folgenden Jahren legten Fortschritte auf dem Gebiet der stellaren Spektralanalyse und der Sternentwicklungstheorie den Grundstock für ein besseres Verständnis dieser Unterteilung. Es zeigte sich, daß die Halopopulation im allgemeinen metallarm ist und die älteste Komponente darstellt. Sie entstand offensichtlich in einer frühen Phase der galaktischen Entwicklung, bevor Supernovae das interstellare Gas mit Metallen verunreinigen konnten. Anschließend bildete sich die metallreiche, junge Scheibenkomponente.

Da im folgenden die Bahnen der Sterne eine wichtige Rolle spielen werden, müssen wir hier noch einmal auf den Begriff der Elliptizität zurückkommen. Bisher haben wir ihn nur auf interstellare *Gaswolken* angewandt. Wir werden ihn jetzt auch für *Sterne* im Schwerefeld der Milchstraße benutzen. Aus der Geschwindigkeit und dem Ort eines Sterns kann man bei Kenntnis des galaktischen Schwerefeldes die gesamte Bahn berechnen. Die Bahnen der Sterne sind aber keineswegs Ellipsen oder auch nur ovale, in sich geschlossene Kurven. Trotzdem kann man jede Bahn durch eine Ellipse approximieren und für sie die Elliptizität gemäß der Abbildung 6.5 bestimmen. Sie ist nach wie vor ein Maß, wie stark die wahre Bahn vom Kreis abweicht. Je größer die Elliptizität, um so mehr unterscheiden sich der größte und der kleinste Zentrumsabstand voneinander. Kreisähnliche Bahnen haben eine kleine Elliptizität. Die langgestreckten Bahnen der Halosterne, die sich, von irgendwo aus den Weiten des Halos kommend, dem Zentrum nähern, nahe an ihm vorbeifliegen, um danach wieder in den Halo zu schießen, besitzen eine große Elliptizität. Die Bahnen der Sterne spielten in dem nun zu beschreibenden Modell eine wichtige Rolle.

Im Jahre 1962 veröffentlichten Olin Eggen, Donald Lynden-Bell und Allan Sandage das erste konsistente Bild der Entstehung unserer Milchstraße, das unter der Bezeichnung *ELS-Modell* berühmt geworden ist. Die Autoren bestimmten die Geschwindigkeiten und die Metallhäufigkeiten von Sternen der Sonnenumgebung. Ihre Ergebnisse sind in den Abbildungen 8.1 und 8.2 zusammengefaßt. Die Abbildung 8.1 zeigt die Metallizität der Sterne in Abhängigkeit von der Elliptizität (vgl. Abb. 6.5) ihrer Bahnen. In Abhängigkeit von der Metallizität zeigt die Abb. 8.2 die gemessene Geschwindigkeit v_z senkrecht zur galaktischen Ebene, beziehungsweise die maximale Höhe z_{max} über der Scheibenebene, die ein Stern mit dieser Geschwindigkeit erreichen kann. Man erkennt, daß die metallreichen Sterne mit $[Fe/H] > -1$ angenähert auf Kreisbahnen laufen. Ihre Geschwindigkeiten v_z sind klein. Sie halten sich also in Nähe der Äquatorebene auf und bilden die charakteristische

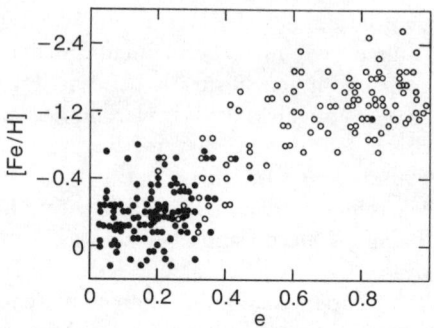

Abb. 8.1: Der Eisengehalt der Sterne in Abhängigkeit von der Elliptizität ihrer Bahnen. Man beachte, daß oben die metallarmen Sterne stehen, also die alten, unten die metallreichen, jungen. Das Diagramm deutet an: Alte Objekte bewegen sich auf stark elliptischen Bahnen, jüngere mehr auf Kreisbahnen.

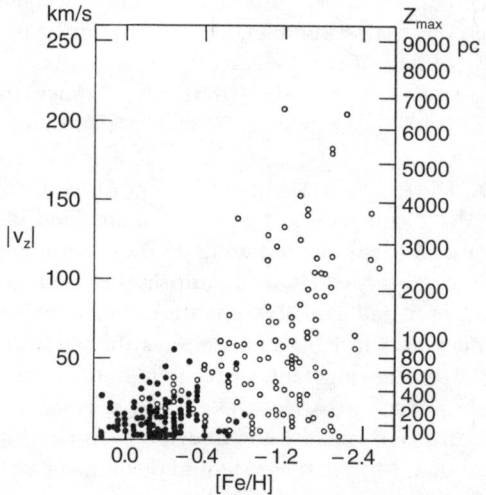

Abb. 8.2: Der Betrag der Geschwindigkeit v_z senkrecht zur Scheibenebene für Sterne verschiedener Elementhäufigkeit. Rechts ist der Betrag des maximalen Abstandes von der Scheibenebene angegeben, den die Sterne mit dieser Geschwindigkeit erreichen können. Man beachte, daß der Eisengehalt längs der Abszisse nach links steigt. Danach stehen metallreiche Sterne nahe der Scheibe, metallärmere können sich bis zu etwa 10 kpc von der Scheibe entfernen.

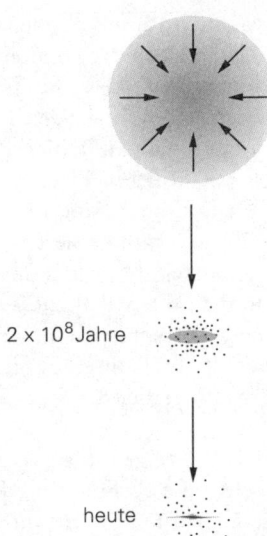

2 × 10⁸ Jahre

heute

Abb. 8.3: Schema des ELS-Bildes. Eine noch nahezu homogene Wolke (Protogalaxis) fällt in sich zusammen und bildet dabei Sterne der Population II, die sich auf stark elliptischen Bahnen bewegen. Nach nur 2×10^8 Jahren hat das Gas eine rasch rotierende Scheibe gebildet, in der anschließend die Sterne der Population I entstehen.

galaktische Scheibe mit einer vertikalen Dicke von einigen 100 pc. Bei geringerer Metallizität nimmt hingegen die Elliptizität systematisch zu. Die metallärmeren Sterne zeichnen sich durch hohes v_z aus. Sie sind daher nicht mehr an die Scheibe gebunden, sondern laufen auf langgestreckten Bahnen im Halogebiet. Dabei können sie sich von der Scheibe weiter als 10 kpc entfernen. An Hand dieser Ergebnisse konstruierten die Autoren des ELS-Modells das folgende Bild der Entstehung unserer Milchstraße (vgl. Abb. 8.3).

Vor 10 Milliarden Jahren – das entspricht dem damals von den Autoren geschätzten Alter der Kugelsternhaufen – entstand die erste Generation von Sternen im Vorläufer unserer Milchstraße, in der *Protogalaxis*. Sie hatte die Struktur einer ausgedehnten, langsam rotierenden Gaskugel mit einem Radius von ungefähr 100 kpc, was dem Raumvolumen entspricht, in dem sich heute die Kugelsternhaufen aufhalten. Das protogalaktische Gas setzte sich in seiner Masse zu 76% aus Wasserstoff und zu 24% aus Helium zusammen, den Elementen, die kurz nach dem Urknall in einer frühen, heißen Phase des Universums gebildet wurden. Alle höheren Elemente wurden erst später in Sternen produziert und über Supernova-Explosionen freigesetzt. In diesem Fall, so argumentierten die Autoren, sollte die Metallizität des Interstellaren Mediums im Laufe der Zeit zunehmen und damit auch die Metallizität der darin entstehenden Sternkomponente systematisch anwachsen. Dann aber ist die gemessene Metallhäufigkeit eines Sterns ein direktes Maß für sein Alter. Je metallreicher der Stern ist, um so jünger muß er sein.

Die Abbildungen 8.1 und 8.2 zeigen uns, wie sich der kinematische Zustand der Milchstraße als Funktion der Zeit verändert hat. Die ältesten, metallärmsten Sterne entstanden offensichtlich in der ausgedehnten Protogalaxie. Da das Gas in der Jeans-instabilen protogalaktischen Wolke (vgl. Abschnitt 4.1) radial nach innen strömte, bekamen sie Bahnen mit hoher Elliptizität. Anfangs blieb die Protogalaxie noch näherungsweise sphärisch symmetrisch, da die Gravitationskraft des Halos dominierte und die Rotation vorerst zu gering war, um eine merkliche Fliehkraft und damit eine Abplattung zu erzeugen. In dieser Phase heftigen Kollapses entstanden die Halosterne, metallarme Sterne auf langgestreckten Bahnen. In der Abbildung 8.1 sind dies die Objekte mit $e > 0,5$. Die Supernovae der Halosterne reicherten das einfallende Gas mit Metallen an.

Gleichzeitig änderte sich sein Bewegungszustand. So wie bei der Eistänzerin während einer Pirouette die Drehung beschleunigt wird, wenn sie ihre ausgestreckten Arme anzieht, so rotierte auch die Protogalaxie immer schneller, während sie sich zusammenzog. Der Satz von der Erhaltung des Drehimpulses gilt eben für Protogalaxien genauso wie für Eisläuferinnen. Er verlangt genauer, daß die Rotationsgeschwindigkeit umgekehrt proportional zum abnehmenden Radius zunimmt. Geht man von einem Anfangsradius von $R = 100$ kpc aus und nimmt eine Anfangs-Rotationsgeschwindigkeit von 20 km/s an, was etwa den Eigenschaften der ältesten Halosterne entspricht, so erhöhte sich ihre Rotation auf 40 km/s, als die Protogalaxie auf die Hälfte ihres ursprünglichen Durchmessers zusammengefallen war. Bei einem Radius von 10 kpc rotierte das Gas mit Geschwindigkeiten von 200 km/s. Aufgrund der raschen Rotation konnte nun die Fliehkraft der Gravitationsanziehung die Waage halten. Die Fliehkraft wirkt aber nur senkrecht zur Rotationsachse. Deshalb konnte sie nicht verhindern, daß das Gas weiterhin ungestört parallel zur Rotationsachse in Richtung auf die Äquatorebene fiel, wo es eine flache Scheibe bildete, in der nun die Sterne der Population I entstanden, mit all ihren charakteristischen Eigenschaften: hohe Metallizität, geringe Elliptizität, schnelle Rotation und kleines v_z.

Die Zeitspanne, innerhalb der die Protogalaxie zu einer Scheibe kollabierte, ist durch die Zeit gegeben, die das Gas benötigte, um von einer 100 kpc großen Gaskugel der Masse unserer Galaxie im freien Fall zur dünnen Scheibe zu werden. Die Autoren des ELS-Modells bestimmten diese Kollapszeit zu ungefähr 200 Millionen Jahren – sehr kurz im Vergleich zum heutigen Alter der Galaxis. Während dieser kurzen Kollapsphase entstanden die Halosterne und die Kugelsternhaufen. Die massereichen Sterne der Population II reicherten das Gas im Halo bis zu einer Metallizität von $[Fe/H] = -1$ an. Anschließend bildeten sich die Scheibensterne mit höheren Metallizitäten.

8.3 Schönheitsfehler im ELS-Bild

Es ist erstaunlich, daß das Bild vom schnellen Kollaps einer anfangs kugelförmigen Protogalaxie zu einer dünnen Scheibe mehr als 20 Jahre lang als Standardmodell der Entstehung unserer Milchstraße galt. Es häuften sich nämlich schon einige Jahre nach der Publikation des ELS-Modells erste Anzeichen eines Widerspruchs.

8.3.1 Die Dicke Scheibe

Es zeigte sich, daß die Gruppe der Sterne, welche die Autoren damals benutzten und die in den Abbildungen 8.1 und 8.2 wiedergegeben sind, einem Auswahleffekt unterlagen. Die Autoren hatten nämlich metallarme Sterne ausgewählt, die durch ihre hohe Geschwindigkeit relativ zur Sonne aufgefallen waren, die also hauptsächlich zu den Schnelläufern gehörten. Betrachten wir dazu noch einmal die Abbildung 8.1. Die Korrelation zwischen Elliptizität und Metallizität beruht im wesentlichen darauf, daß weder links oben noch rechts unten Sterne stehen. Doch das Leergebiet links oben rührt vom Auswahleffekt her.

Tatsächlich hat man inzwischen auch metallarme Sterne auf Kreisbahnen entdeckt, die dieses Gebiet füllen. Diese Sternkomponente hat Metallizitäten ähnlich den metallreicheren Halosternen. Sie bildet jedoch eine schnell rotierende Scheibenkomponente mit einer Dicke von mehreren kpc, die Dicke Scheibe, welche die metallreiche, Dünne Scheibe umhüllt. Arktur, der helle Stern im Sternbild Bootes, nur 11 pc von uns entfernt, gehört dazu. Obwohl seine Masse mit der der Sonne vergleichbar ist, hat er sich schon längst zum Roten Riesen entwickelt. Er muß also lange vor der 4,6 Milliarden Jahre alten Sonne entstanden sein. Man schätzt sein Alter auf etwa 10 Milliarden Jahre, typisch für die Sterne der Dicken Scheibe. Ihre Entstehung kann mit dem ELS-Modell nur schlecht erklärt werden, da in ihm die galaktische Scheibe erst *nach* dem Halo gebildet wird. *Alle* Scheibensterne sollten deshalb größere Metallizitäten besitzen als die Halosterne. Nun findet man aber in der Dicken Scheibe Sterne mit $[Fe/H] < -1,5$, also metallärmere Sterne als die metallreicheren unter den Halosternen. Es kommt aber noch schlimmer: Trägt man die Sterne der Dicken Scheibe in das Diagramm der Abbildung 8.1 ein, so verschwindet die angedeutete Korrelation zwischen Metallizität und Elliptizität. Die starke Stütze des ELS-Modells ist weg.

Im Jahre 1978 veröffentlichten Leonard Searle und Robert Zinn eine detaillierte Studie der Metallhäufigkeiten der Kugelsternhaufen. Die Abbildung 8.4, oben, zeigt die Höhe z der Ku-

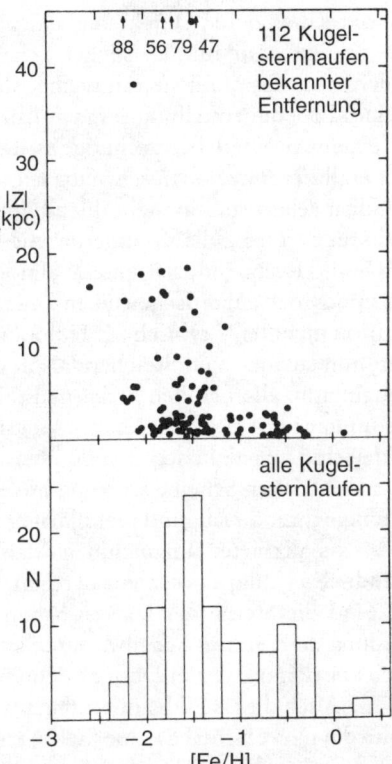

Abb. 8.4: *Oben*: Neben den metallarmen Kugelsternhaufen des Halos (große Werte des Absolutbetrages des Abstandes z von der Scheibe) mit $[Fe/H] < -1$ gibt es noch eine Gruppe metallreicher Kugelsternhaufen, die sich von der Milchstraßenebene um höchstens 3 kpc entfernen. *Unten*: Die Anzahl der Objekte in Abhängigkeit ihres Metallgehaltes zeigt, daß es zwei Gruppen von Kugelsternhaufen gibt, die sich um die Metallizitäten $[Fe/H] = -1,5$ und $-0,5$ verteilen.

gelsternhaufen unseres Systems in Abhängigkeit von ihrer Metallizität. Das Histogramm der Abbildung 8.4, unten, zeigt die Verteilung derselben Objekte über der Metallizität. Man kann deutlich eine separate, metallreiche Komponente erkennen (in den beiden Bildern rechts), deren Objekte nahe der Scheibe stehen ($|z| < 3$ kpc) und die wohl mit der Dicken Scheibe entstanden ist, da sie nicht nur eine ähnliche räumliche, sondern auch eine ähnliche kinematische Verteilung hat wie die Sterne der Dicken Scheibe. Das war eine Überraschung: *metallreiche Kugelsternhaufen, die an der Rotation der Scheibe teilnehmen*. Der Sternhaufen 47 Tucanae am Südhimmel zählt zu ihnen. Auch er ist etwa 10 Milliarden Jahre alt. Die anderen, die Kugelsternhaufen mit $[Fe/H] < -1$, sind jedoch typische Haloobjekte, mit großen Abständen von der galaktischen Ebene. Sie nehmen an der Scheibenrotation nicht teil – typisch für Haloobjekte. Searle und Zinn fanden nun sowohl metallreichere als auch metallärmere Halosternhaufen in allen Höhen z, das heißt, der mittlere Metallgehalt ist im ganzen Halo der gleiche. Metallreiche und metallarme Haufen sind im galaktischen Halo überall verstreut.

Ist die Existenz der Dicken Scheibe so völlig unvereinbar mit dem ELS-Bild? Einige ihrer Sterne sind metallärmer als die meisten Halosterne. Das verbietet anzunehmen, daß die Dicke Scheibe gegen Ende des Kollaps, kurz vor der Dünnen Scheibe gebildet wurde. Sind die Sterne der Dicken Scheibe vielleicht erst nach der Bildung der Dünnen Scheibe, durch andere Sterne von ihren Bahnen abgelenkt, aus der Dünnen Scheibe herausgeschleudert worden? Auch dieses Bild stößt auf Schwierigkeiten. Zum ersten dürfte die Dicke Scheibe keine Sterne enthalten, die älter (metallärmer) sind als die der Dünnen Scheibe. Zum zweiten haben stellardynamische Rechnungen gezeigt, daß der Prozeß solch einer Diffusion aus der Scheibe heraus zu langsam ist, um die heute beobachtete Dicke zu erzeugen. Das wird noch deutlicher, wenn man beachtet, daß nicht nur Sterne, sondern auch Kugelsternhaufen in der Dicken Scheibe stehen. Sie, mit ihren Massen von vielleicht dem Hunderttausendfachen der Sonne, sind viel schwieriger hinauszukatapultieren.

8.3.2 *Die ältesten Weißen Zwerge*

Nach neueren Abschätzungen sind die Kugelsternhaufen des galaktischen Halos vor 12–15 Milliarden Jahren entstanden.

Einige der metallreicheren Halosternhaufen scheinen 1 – 3 Milliarden Jahre jünger zu sein. Sollte etwa der Kollaps des ELS-Modells 3 Milliarden Jahre gedauert haben? Sollte sich die galaktische Scheibe erst viel später als nach den 200 Millionen Jahren, von denen im ELS-Modell die Rede ist, gebildet haben? Bestimmen wir dazu ihr Alter, suchen wir nach den ältesten Objekten der Scheibe. Das sind ihre Weißen Zwerge (vgl. Abschnitt 4.4).

Entsteht am Ende des Lebens eines Sterns ein Weißer Zwerg, so ist er anfangs noch sehr heiß und besitzt eine hohe Leuchtkraft. Im Laufe der Zeit kühlt er ab, damit sinkt seine Leuchtkraft. Um zum Beispiel von einem Tausendstel der Leuchtkraft der Sonne auf ein Zehntausendstel abzusinken, benötigt ein Weißer Zwerg 4 Milliarden Jahre. Bestünde die galaktische Scheibe seit unendlicher Zeit, so gäbe es beliebig alte und damit beliebig kühle Weiße Zwerge und für ihre Leuchtkraft keine untere Grenze. Tatsächlich aber finden wir keinen Weißen Zwerg, der schwächer ist als $0,00003\ L_\odot$, obwohl die Instrumente der Astronomen ausreichen sollten, sie zu finden. Es gibt also keine kühleren und älteren Weißen Zwerge. Das Alter der leuchtkraftschwächsten unter ihnen ist die Summe aus der Lebensdauer des Vorläufersterns und der Kühlzeit. Das sind etwa 10 Milliarden Jahre. So alt sind also die ersten Sterne, die in der galaktischen Scheibe geboren wurden. Das sind erst mehrere Milliarden Jahre nach der Geburt des ersten Kugelsternhaufens im Halo, denn die ältesten Kugelsternhaufen sind mehr als $1,5 \times 10^{10}$ Jahre alt. Nach dem ELS-Bild hätte der Zeitabstand nur einige 100 Millionen Jahre betragen sollen. Wir stoßen mit dem ELS-Modell schon wieder auf einen Widerspruch.

8.3.3 Die chemische Uhr der Milchstraße

Die chemische Entwicklungsgeschichte der Milchstraße ist durch die Anreicherung des Interstellaren Mediums mit höheren chemischen Elementen aus den Sternen bestimmt. In Abschnitt 4.5 wurde bereits gezeigt, daß Sterne unterschiedlicher Masse unterschiedliche Elemente erzeugen. Es geht uns nun

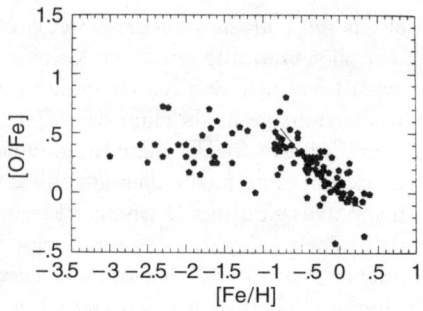

Abb. 8.5: Das Verhältnis von Sauerstoff zu Eisen in den Sternen gegenüber dem von Eisen zu Wasserstoff. Man beachte, daß entsprechend der Definition im Kasten auf S. 108 $[Fe/H]$ logarithmisch und auf die Sonne normiert ist. Das gleiche gilt für das Verhältnis $[O/Fe]$. Die Nullpunkte der beiden Achsen entsprechen also der chemischen Zusammensetzung der Sonne. Die Abszisse gibt die Eisenhäufigkeit und ist ein Maß für das Alter der Sterne, denn im Laufe der Zeit reicherte sich das Eisen im Interstellaren Medium an. Am Anfang, nachdem die ersten Sterne entstanden waren, gab es nur Supernovae vom Typ II. Sie lieferten ein Sauerstoff-Eisen-Verhältnis, das dreimal so hoch ist wie das der Sonne. Dementsprechend war $[O/Fe] \approx 0,5$. Das blieb so lange, bis nach einigen Milliarden Jahren die Supernovae vom Typ Ia einsetzten. Sie lieferten vor allem Eisen. Dementsprechend verringerte sich $[O/Fe]$. Der Knick bei $[Fe/H] = -1$ deutet das Einsetzen der Supernovae vom Typ Ia an.

vor allem um die Elemente O und Fe. Die massereichen Sterne liefern als Supernovae vom Typ II Sauerstoff, der bereits wenige *Millionen* Jahre nach der Entstehung des Sterns freigesetzt wird. Supernovae vom Typ Ia mit Entwicklungszeitskalen von einigen *Milliarden* Jahren liefern hingegen sehr viel Eisen.

Unsere Sonne entstand aus einem Gasgemisch, das von beiden Arten von Supernovae angereichert worden war. Das Verhältnis von Sauerstoff zu Eisen in der Sonne ist daher ein Hinweis für die Häufigkeiten der Explosionen von Typ II und von Typ Ia vor der Geburt der Sonne. In der Frühphase der chemischen Entwicklung sollte dieses Verhältnis anders gewesen sein, da in den ersten Milliarden Jahren die Eisenanreicherung durch die Supernovae vom Typ Ia fehlte, während die vom Typ II bereits Sauerstoff produzieren konnten.

In der Abbildung 8.5 ist $[O/Fe]$, das Verhältnis von Sauerstoff zu Eisen, das analog wie die Metallizität $[Fe/H]$ definiert ist (siehe Kasten auf Seite 108), über die Metallizität aufgetragen. Tatsächlich besitzen die Halosterne mit $[Fe/H] < -1$ dreimal so viel Sauerstoff, wie ein solares Gemisch erwarten ließe. Die Rate, mit der Eisen in der galaktischen Halo-Phase produziert wurde, betrug demnach nur ein Drittel der Eisenproduktionsrate in der galaktischen Scheibe. Dies entspricht genau der Erwartung, wenn das Eisen nur von massereichen Sternen geliefert wird und die Supernovae vom Typ Ia nichts beitragen würden. Für die metallreicheren Sterne gilt: Je mehr Metalle, um so kleiner das Verhältnis $[O/Fe]$. Die galaktische Scheibe (Sterne mit $[Fe/H] > -1$) entstand demnach etwa in dem Augenblick, als die Supernovae vom Typ Ia begannen, das Interstellare Medium mit Eisen anzureichern. Das war aber erst einige Milliarden Jahre nach der Entstehung der ältesten Sterne des Milchstraßensystems möglich. Die Elementhäufigkeit der Halo- und Scheibensterne ist ein weiteres Indiz für eine mehrere Milliarden Jahre verzögerte Scheibenbildung.

Einer der wichtigsten Pfeiler des ELS-Modells war der heftige protogalaktische Kollaps und die Bildung der galaktischen Scheibe innerhalb von wenigen 100 Millionen Jahren. Die ELS-Autoren hatten dies aus der Korrelation der Abbildung 8.1 zwischen der Elliptizität und der Metallizität der Sterne geschlossen. Nun scheint es, als ob erst Milliarden Jahre vergehen mußten, ehe sich die Dünne Scheibe bildete. Wie kommen wir mit dem Widerspruch zurecht? Fiel die anfangs strukturlose Gaskugel vielleicht gar nicht im freien Fall in sich zusammen, um Halo und Scheibe zu bilden? Hat es diese gewaltige Wolke am Anfang vielleicht gar nicht gegeben? Wann und wie entstand denn nun die galaktische Scheibe wirklich?

8.4 Das neue Bild von der Entstehung der Milchstraße

Die oben angeführten Widersprüche des ELS-Modells veranlaßten Searle und Zinn im Jahre 1978, ein alternatives Modell vorzuschlagen, das inzwischen wesentlich erweitert wurde.

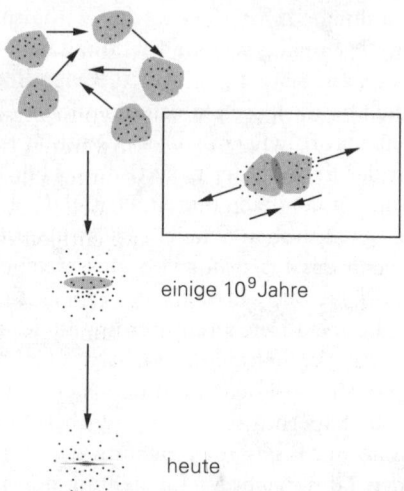

einige 10⁹Jahre

heute

Abb. 8.6: Schema des Bildes von Searle und Zinn. Die Galaxis entsteht durch das Verschmelzen irregulär verstreuter masseärmerer Unterstrukturen, die bereits Sterne der Population II enthalten. Im Verschmelzungsprozeß (Teilbild rechts oben) trennen sich Gas und Sterne voneinander. Erst nach einigen Milliarden Jahren hat das Gas eine rasch rotierende Scheibe gebildet, in der anschließend die Sterne der Population I entstehen.

Wir müssen hierzu etwas weiter ausholen und einige Ergebnisse der modernen Kosmologie besprechen. Nach der Urknalltheorie entstand das Universum in einer heftigen Explosion aus einem Zustand extrem hoher Dichte, dem *Urknall*. In den ersten Minuten der sich anschließenden Expansionsphase bildeten sich die Elemente Wasserstoff und Helium. Nach dem heutigen kosmologischen Standardmodell entstanden als erstes Verdichtungen von etwa 10^6 $\mathcal{M}_\odot$, die gravitativ instabil wurden, in sich zusammenfielen und die ersten Sterne bildeten. Diese ersten, bereits Sterne enthaltenden Systeme häuften sich zu größeren Strukturen, in denen sie im Laufe der Zeit miteinander zu massereicheren Protogalaxien verschmelzen konnten (vgl. Abb. 8.6). Um von den anfänglichen 10^6 $\mathcal{M}_\odot$ auf Milchstraßenmassen zu kommen, mußten 1 bis 3 Milliarden Jahre

vergehen. Neben den Sternen, die schon in den allerersten Verdichtungen entstanden waren, kondensierten ständig neue aus
den Gasmassen aus. Die Materie, aus der sich schließlich die
Milchstraße bildete, enthielt also schon von Anfang an entwik-
kelte Sterne, die das Gas bereits mit schwereren Elementen angereichert hatten. Diese Protogalaxie unterscheidet sich wesentlich von der des ELS-Bildes, die noch keine Sterne und
keine schwereren chemischen Elemente enthielt und ohne Unterstrukturen war.

Die Verschmelzung von kleineren Klumpen zu größeren
spielt in dem neuen Bild von der Entstehung unserer Milchstraße eine entscheidende Rolle. Sobald zwei Klumpen aufeinan-
derstießen, wurden sie zerstört. Dabei konnten sich die in ihnen gebildeten Sternkomponenten ungestört durchdringen,
ohne einen direkten Stoß von Stern mit Stern, da die Radien
der Sterne wesentlich kleiner sind als ihr mittlerer Abstand
(vgl. Abb. 8.6, rechts). Die Sterne behielten daher ihre ursprünglichen Bahnen bei. Sie bilden die heutige Halopopulation der Milchstraße. Da jeder Klumpen vor seiner Zerstörung
eine eigene chemische Entwicklungsgeschichte hatte, die zu-
dem nicht von seiner Bahn abhing, erwartet man auch keine
Beziehung zwischen den kinematischen und chemischen Eigenschaften der heutigen Halosterne – in Übereinstimmung mit
der Beobachtung. Das Gas konnte sich jedoch bei einem solchen Stoß nicht ungestört durchdringen. Es verlor einen Groß-
teil seiner Bewegungsenergie und fiel in das Innere der Protogalaxie, wo es sich in der Äquatorebene absetzte und die
galaktische Scheibe formte. Nach mehreren Milliarden Jahren
war der turbulente Verschmelzungsprozeß abgeschlossen. Alles
Gas der Klumpen war in die Scheibe gefallen, die Sterne von
damals aber füllen noch heute den Halo und geben uns Zeug-
nis von jener chaotischen Zeit. Nun, nach einigen Milliarden
Jahren, konnte das Gas der Scheibe ungestört Sterne bilden.

Wie aber ist die Dicke Scheibe entstanden? Auch das Searle-
Zinn-Bild gibt darauf keine Antwort. Doch je mehr man ihre
Eigenschaften studiert, um so mehr gewinnt man den Ein-
druck, als ob es sich bei ihr weder um einen Ausläufer des Ha-

los noch um einen der Dünnen Scheibe handelt. Ihre Sterne bilden anscheinend eine eigenständige Population. Ist die Dicke Scheibe vielleicht der Überrest des letzten Einschlages, bei dem sich vielleicht noch ein besonders großer Klumpen mit unserem System vereinigte? Trafen sein Gas und seine Sterne vielleicht schon auf eine nahezu fertige Dünne Scheibe? Gehörte vielleicht der Kugelsternhaufen 47 Tucanae früher einmal zu einem anderen Sternsystem?

Entstanden die Objekte der Dicken Scheibe vielleicht *vor* der Dünnen Scheibe? Oder wurde die Dünne Scheibe vorübergehend durch die Störung einer einfallenden Satellitengalaxie (vgl. nächster Abschnitt) aufgeblasen und blieben dann ihre Sterne zurück, während sich ihr Gas wieder zur Dünnen Scheibe zusammenzog?

In einem zusammenfassenden Artikel führte der Astrophysiker S. R. Majewski im Jahre 1993 insgesamt acht mögliche Erklärungen für die Entstehung der Dicken Scheibe auf und diskutierte das Für und Wider. Welches Bild sich in Zukunft auch als das richtige herausstellen wird, der wesentliche Punkt wird immer der große Zeitunterschied zwischen der Bildung des Halos und der Scheiben sein, der mit dem ELS-Modell nicht vereinbar ist.

8.5 Die kannibalische Milchstraße

Der Verschmelzungsprozeß ist auch heute noch nicht zu Ende. Einige Klumpen der Protogalaxie umkreisen noch immer die Milchstraße als selbständige Systeme. Sie hatten ursprünglich so große Abstände und so hochenergetische Bahnen, daß sie nicht durch Zusammenstöße zerstört wurden. Wir bezeichnen diese sich selbst entwickelnden Fragmente als *Satellitengalaxien*. Hierzu gehören zum Beispiel die Magellanschen Wolken, die heute einen Abstand von 50 kpc vom galaktischen Zentrum haben. Damit tauchen sie tief in den dunklen Halo ein (vgl. Abschnitt 6.1). Setzen wir uns nun in Gedanken in die Große Magellansche Wolke, die sich mit 220 km/s durch den dunklen Halo bewegt. Könnten wir die Teilchen der dunklen Materie sehen, so würden wir sie als eine Art „Gegenwind" beobachten, der uns entgegenbläst. Durch die gewaltige Gravitationskraft der Magellanwolke mit ihren 10 Milliarden Sonnenmassen werden die dunklen Materieteilchen beim Vorbeiflug abgelenkt. Ähnlich wie eine Sammellinse parallel einfallendes Licht in einem Punkt bündelt, so laufen die abgelenkten Teilchen der dunklen Materie hinter dem Satelliten in einem kleinen Raumvolumen zusammen, wo die Dichte der dunklen Materie stark ansteigt. Dieses Dichtemaximum zerrt durch seine Gravitationskraft an der Magellanschen Wolke. Da es genau hinter ihr sitzt, wird sie abgebremst. Durch diese sogenannte *dynamische Reibung* verlieren die Satelliten der Milchstraße Energie und Drehimpuls und fallen tiefer in das Innere der Galaxis. Man kann abschätzen, daß die beiden Magellanschen Wolken nach weiteren 10 Milliarden Jahren dem galaktischen Zentrum so nahe kommen werden, daß sie durch die Gezeitenkräfte vollständig zerstört werden. Unsere Milchstraße hat sich dann zwei weitere Satelliten einverleibt.

Wir können gerade einen solchen Akkretionsprozeß miterleben. So entdeckte man 1994 im Sternbild des Schützen eine Zwerggalaxie, die nur 10 kpc vom galaktischen Zentrum entfernt ist und sich gerade auflöst. Ihre Sterne bewegen sich zwar noch auf nahezu parallelen Bahnen. Sie werden sich aber wohl innerhalb der nächsten Milliarden Jahre im galaktischen Halo verteilen, der damit wieder etwas an Masse gewonnen hat. Unsere Milchstraße hat dann eine Satellitengalaxie verzehrt.

Wenn man bedenkt, daß die uns nächste große Spiralgalaxie, der Andromedanebel, 670 kpc entfernt ist, scheint es, als wäre unsere Milchstraße eine isolierte Welteninsel im Raum. Früher war das bestimmt nicht so. Nach der Theorie des Urknalls war die Materie damals wesentlich näher beisammen als heute. Da war es die Regel, daß Systeme immer wieder einander durchdrangen und verschmolzen. Auch heute noch stoßen Galaxien aufeinander. Ihre Gasmassen werden zusammengepreßt, riesige Molekülwolken bilden sich, neue Sterne entstehen in jungen Kugelsternhaufen. Übrig bleibt eine Art gigantischer Kugelsternhaufen, in dem Hunderte von Milliarden Sternen ihre

Bahnen ziehen. Sie fliegen dicht aneinander vorbei, aber nicht so dicht, daß sie zusammenstoßen. Alles Gas ist in Sternen kondensiert, neue Sterne können nicht mehr entstehen. Alle Spiralstrukturen sind verschwunden. Als *elliptische Galaxien* können wir sie heute beobachten.

Vielleicht wird das auch das Schicksal unseres Milchstraßensystems sein. Zur Zeit kommt der Andromedanebel auf uns zu, täglich ist er 10 Millionen km näher. Wir wissen nicht, ob er genau auf uns zielt. Spätestens in 5 Milliarden Jahren, noch bevor die Sonne als Roter Riese dem Leben auf der Erde ein Ende setzt, werden wir es wissen. Dann werden Milchstraße und Andromedanebel aufeinandertreffen oder nahe aneinander vorbeifliegen. Für einige Zeit werden zwei Milchstraßenbänder den Himmel beherrschen. In den zusammenstoßenden Gasmassen werden neue Sterne entstehen und den Himmel erleuchten, ehe sich die Scheiben der beiden Systeme auflösen werden. Die beiden Spiralsysteme werden zu einer tristen elliptischen Galaxie verschmelzen, bevölkert von einer alternden Sternpopulation, die keine Kinder mehr hervorbringen kann.

Kommentiertes Literaturverzeichnis

Feitzinger, J.: *Unterwegs auf der Milchstraße,* Stuttgart 1993.
Dieses Buch gibt einen allgemeinverständlichen Überblick über unser Milchstraßensystem.

Ferris, T.: *Galaxien,* Basel 1981.
Eine hervorragende Bildersammlung von Objekten in der Galaxis und von anderen Galaxien.

Kippenhahn, R.: *Hundert Milliarden Sonnen,* München 1980.
Eine allgemeinverständliche Einführung in den Aufbau und in die zeitliche Entwicklung der Sterne.

Langer, N.: *Leben und Sterben der Sterne,* München 1995.
Das in der vorliegenden Reihe erschienene Büchlein beschreibt in allgemeinverständlicher Weise die zeitliche Entwicklung der Sterne von ihrer Geburt bis zu ihrem Tod.

Mezger, G. P.: *Blick in das kalte Weltall,* Stuttgart 1992.
Eine allgemeinverständliche Darstellung der Objekte der Galaxis mit besonderer Betonung der Ergebnisse der Radio- und der Infrarotastronomie.

Scheffler, H./Elsässer, H.: *Bau und Physik der Galaxis,* Mannheim 1982.
Ein Überblick über unser Milchstraßensystem, der schon etwas mehr ins Detail geht und auch Formeln nicht scheut.

Sterne und Weltraum.
Diese Monatszeitschrift des Verlags Sterne und Weltraum Dr. Vehrenberg GmbH München hält ihre Leser auf allen Gebieten der Astronomie und Astrophysik einschließlich der Erforschung des Milchstraßensystems auf dem laufenden. Das Niveau der Zeitschrift entspricht in etwa dem dieses Buches.

Register

Absorption 29, 98
Absorptionslinien 19, 79 ff., 101, 107
AE s. astronomische Einheit
aktive Kerne 105 f.
Andromedanebel 8, 106, 123 f.
Apex 34 f.
astronomische Einheit 16, 23

Baade, W. 99, 108
Baades Fenster 99
Balken, zentraler 10, 88 f., 93 f., 100 ff.
Balkenspiralen 89, 99
Barnards Stern 17
Beta-Zerfall 58 f.
Breite, galaktische 35, 66, 72, 101
Bulge 10, 99 f., 102

Delta-Cephei-Sterne 27 f., 33, 52
Dichtewellen 89 ff., 95 f.
Dopplereffekt 17 f., 66, 68, 73, 80, 90, 98
dunkle Materie 85 ff.
dynamische Reibung 123
dynamisches Gleichgewicht 123

Eggen, O. 109
Eigenbewegung 17 ff., 33 f., 36 ff., 97
Elliptizität 92, 109 ff., 119
ELS-Modell 109 ff.
Emissionsnebel 63 f., 76
Energieniveau 63, 98 f.
Entartung 53
Entfernungsbestimmung 17, 20, 24 ff., 30, 73
Entwicklungswege der Sterne 50, 52

Farbindex 25

Galaxien
    Balken- 88 f., 93 f., 99 f.
    elliptische 124
    Spiral- 12, 32, 67, 73, 88, 99, 123
Gasblase, lokale 81 f.
Gasgleichung, ideale 78
Geminga 82
Gezeitenkräfte 123
Größe
    absolute 23 ff.
    scheinbare 23 ff.
    visuelle 25
Größenklasse 22

Halo 9 f., 32 ff., 39, 41 f., 53, 82 ff., 99, 108 ff.
Häufigkeit, chemische 12, 56 ff., 107 ff., 118 f.
Hauptreihe 24 ff., 28 f., 48 ff.
Hauptreihensterne 24 ff., 33, 48 ff., 55, 63
Herschel, F. W. 30
Hertzsprung, E. 25
Hertzsprung-Russell-Diagramm
    s. HR-Diagramm
HI 62, 65 ff., 73 ff., 77 ff., 83, 100
HII 63, 65, 75, 100
HIPPARCOS 15, 21, 28
Hochgeschwindigkeitswolken 83
HR-Diagramm 25, 29, 48 ff., 53 f.
Hubble, E. 89
Hyaden 17, 19 ff., 23 ff., 28 ff., 51 ff.

Infrarotstrahlung 76 f., 98 f., 101 ff.
Interstellare Materie 9, 43, 78, 81
interstellarer Staub 26, 28, 75, 77
interstellares Gas 10, 41, 47, 62 f., 65 f., 74 f., 78 f., 81, 83, 85, 90, 96, 105, 107 ff.

126

Ionisation 46, 62 ff., 79 f., 82, 102
IRAS 76 f.

Jeans, J. 44 f., 112

Kant, I. 8
Kelvin-Temperaturskala 65
Kernkräfte 58
Konvektion 48 f., 51
Koordinaten, galaktische 35, 66
Korona, galaktische 82 f.
kosmische Strahlung 45 f., 62, 79
kritische Masse 44
Kugelsternhaufen 9 f., 21, 27 f., 31,
    33, 39, 53, 61, 78, 111 ff., 122 f.

Länge, galaktische 35 ff., 66 ff., 90,
    94
Leuchtkraft 23 ff., 48 ff., 52, 105,
    117
Lindblad, B. 89
Lindblad-Resonanz 101
Lynden-Bell, D. 109

Magellansche Wolke, Große 11,
    27, 67, 82, 86 f., 122 f.
Magnetfelder 45 f., 62, 65, 102 f.
Masse-Leuchtkraft-Beziehung 48 f.
Massenverlust der Sterne 53
Massenzahl, atomare 55, 57 ff.
Metallizität 107 ff., 111 ff., 119
missing mass 85
Molekülwolken 43 f., 46, 62, 75,
    77, 79, 98, 102 f., 106, 123

Nebel, planetarische 54 ff.
Neutronensterne 46, 54 ff., 82
Neutronenzahlen, magische 58 f.

Oort, J. H. 40
Oortsche Theorie 40 f.

Parallaxe 15 ff., 20 f., 26, 28 ff., 32
Parsec 10, 16
    Kilo- 10, 16
    Mega- 16

Pekuliarbewegung 33 ff.
Perioden-Leuchtkraft-Beziehung 27
Periodisches System 58
Photometrie 22 f.
Population I 32 f., 108, 111, 113,
    120
Population II 32, 42, 99, 103, 108,
    111, 113, 120
Protogalaxie 111 ff., 119 ff.
Protosterne 43, 47 f., 50
pulsierende Sterne 27 f., 52

Radialgeschwindigkeit 17, 19 ff.,
    33 f., 36 ff., 41, 66 ff., 72 f., 80,
    82, 93 f.
Reflexionsnebel 76
Rekombination 63
Rotation, differentielle 36, 38, 66,
    68, 71 ff., 85 ff., 89 ff., 112
Rotationskurve 68, 71, 85, 91 ff.
Rote Riesen 50 ff., 114
r-Prozeß 57, 59
RR-Lyrae Sterne 27 f., 31, 33, 99
Russell, H. N. 25

Sagittarius 32
Sagittarius A 102 ff.
Sandage, A. 109
Scheibe,
    Dicke 10, 41 f., 114, 116, 121 f.
    Dünne 10, 41, 114, 116, 119, 122
Schnelläufer 41
Schornsteineffekt 82
Schwarze Löcher 13, 46, 56, 102,
    104 ff.
Schwarzschildradius 105
Searle, L. 114, 116, 119 ff.
Shapley, H. 8, 31 f., 39
Sonne
    Alter 11
    Bahngeschwindigkeit 40
    Bahnradius 10, 23
    Masse 10
Spin 65 f.
Spiralarme 79 f., 84, 88 ff., 100, 104

s-Prozeß 57 ff.
Sternentstehung 32, 43, 46, 64, 76, 90, 92
Sternhaufen s. auch Kugelsternhaufen 13, 19 f., 24 ff., 29 f., 43, 50, 53, 116
   zentraler 98, 101, 104
Sternströme 19
Sternstrommethode 21, 26
Strahlungsfluß 22
Superblasen 83
Supernovae 11 f., 46, 54 ff., 59 f., 62, 81 ff., 103, 108, 112, 118 f.

Tangentialgeschwindigkeit 17 ff., 21, 38 f.
Turbulenz 45 f., 79, 83, 91 f., 103, 121

Urknall 57, 76, 112, 120, 123

van de Hulst, H. C. 65
Verfärbung, interstellare 28 f.

Wasserstoff
   ionisierter 63, 82, 104, s. a. HII
   molekularer 10 f., 43 f., 74 ff., 77, 101
   neutraler 62, 64 ff., 67 ff., 90, 98, s. a. HI
Weiße Zwerge 55, 59, 116 f.
Wright of Durham, Th. 7 f., 30

Zinn, R. 114, 116, 119 f.,
Zwei-Phasen-Modell 78 f., 81
Zwischenwolken-Medium 78 f.